LIZU GANGWEI
GANHAO
BENZHI GONGZUO

立足岗位
干好本职工作

孙法平　刘洪斌　高丽英◎编著

不将就当下，不畏惧未来，静下心来，
沉下身去，立足本职工作，把自己能做的事做好。

在其位，行其事，负其责。
我的岗位我负责，我的工作请放心。

人民日报出版社

图书在版编目（CIP）数据

立足岗位干好本职工作／孙法平，刘洪斌，高丽英编著.－北京：人民日报出版社，2019.5
　　ISBN 978-7-5115-6069-8

　　Ⅰ.①立… Ⅱ.①孙… ②刘… ③高… Ⅲ.①职业道德－通俗读物 Ⅳ.①B822.9-49

　　中国版本图书馆CIP数据核字（2019）第101556号

书　　　名：	立足岗位干好本职工作
作　　　者：	孙法平　刘洪斌　高丽英
出 版 人：	董　伟
责任编辑：	刘天一
封面设计：	陈国风
出版发行：	人民日报出版社
地　　　址：	北京金台西路2号
邮政编码：	100733
发行热线：	（010）65369527　65369846　65369509　65369510
邮购热线：	（010）65369530　65363527
编辑热线：	（010）65369844
网　　　址：	www.peopledailypress.com
经　　　销：	新华书店
印　　　刷：	北京柯蓝博泰印务有限公司
开　　　本：	170mm×240mm　1/16
字　　　数：	172千字
印　　　张：	13.5
印　　　次：	2019年6月第1版　2019年6月第1次印刷
书　　　号：	ISBN 978-7-5115-6069-8
定　　　价：	45.80元

前　言

"立足岗位干好本职工作",是中国共产党第十九次全国代表大会提出的主题,号召全党、全国人民"高举中国特色社会主义伟大旗帜,决胜全面建成小康社会,夺取新时代中国特色社会主义伟大胜利,为实现中华民族伟大复兴的中国梦不懈奋斗。"共产党人立志与广大人民同呼吸、共命运,为了实现广大人民美好生活的最终目标,以永不懈怠、一往无前的精神状态努力奋斗。全国上下倍受鼓舞,各行各业纷纷响应,掀起了前所未有的工作热潮。作为一名新时代的职场人,当然不能持观望态度,也要积极融入这个大潮之中,倾尽全力,做好本职工作,更多更好地服务企业,奉献社会。

每个人的初心和梦想各不相同,相同的是都必须在自己的岗位上努力奋斗,才有可能实现梦想。我们都知道工作是我们求得生存,立足社会的基础,没有工作,我们就会失去最基本的生活保障;没有工作,我们无处展示自我能力,无法实现自我价值;没有工作,我们品尝不到人生中奋斗的喜乐;没有工作,我们的人生是乏味而无意义的。所以我们没有理由不珍惜工作,没有理由不为它而努力。每个岗位不同,赋予我们的责任与使命也不相同。也许我们的岗位很平凡、很普通,甚至它是让很多人想不起也不愿去做的事情,但只要它有存在的意义,我们就有维护它尊严的义务。小岗位承担着大责任,小岗位成就大作为。只要在心底里认定这是一生的事业,用心去做每一件小事,树立散发岗位光芒，有让自己成为行业中最亮的星星的决心与信心，我们就能超越前人，就能实现梦想，完成使命。

本书立足于普通职场员工的工作和岗位，从工作出发，详细阐述了如何立足于岗位，真正把工作做出成绩。引导职场员工把初心和使命贯注于工作的始终，把岗位当作初心和使命的落脚点，立足岗位，忠于工作，敢于担当，乐于奉献，大胆创新，用自己的实际行动和勤奋努力，把平凡的工作做出成绩，在普通的岗位上闪耀光芒。

时代在飞速发展，机会稍纵即逝，理想与现实之间的距离由我们对工作的态度而决定。肩负责任，大胆前行，以脚踏实地、敢于创新的时代精神立足于本职工作，昂首阔步，勇往直前，世上就没有做不好的工作，就没有实现不了的梦想，就没有完成不了的使命。

本书第一章、第二章由孙法平编写，第三章由高丽英编写，第四章、第五章、第六章、第七章、第八章由刘洪斌编写。在编写过程中参考了不少资料，在此谨向有关作者表示诚挚的谢意。

目　录

第一章　做好本职，把初心和使命贯注于工作的始终

做好本职工作就是把自己的工作当成事业来做，没有一丝一毫的懈怠，没有一时一刻的停留与犹豫。抛开那些黑暗中的纠缠，远离世俗里的名利，让心朝着阳光，一路向前。

1. 不忘初心，不忘工作理想 / 2
2. 牢记使命，工作岗位就是使命的源头 / 5
3. 不计名利，埋头工作 / 10
4. 安守本职，兢兢业业干好工作 / 14
5. 始终如一，把工作当成一生的事业 / 18

第二章　立足岗位，岗位是初心和使命的落脚点

对于职场人来说，岗位就是人生的舞台，就是实现价值的途径，是初心和使命的落脚点。不管你追求的使命是什么，坚持的初心是什么，都需要通过岗位来实现。这就要求我们立足岗位，坚守岗位，做好岗位工作，创造岗位辉煌。

1. 岗位工作是走向卓越人生的支点 / 26
2. 立足岗位，锻造良好的工作态度 / 29
3. 保持激情，以最好的状态去工作 / 34
4. 精益求精，磨砺高超的工作技能 / 38
5. 从点滴做起，从工作中的小事做起 / 42

第三章　用初心引领行动，培养良好工作习惯

　　事业的成功大多来自于良好的工作习惯。不忘初心，就是要把工作使命当成终生追求的目标，并且将这种执念化为具体的行动，用行动去完成初心的追求。这就需要我们培养良好的工作习惯，使行动更为高效。

1. 拒绝浮躁，好高骛远做不好工作 / 48
2. 抛弃懒惰，勤奋是做好工作的不二法门 / 53
3. 绝不懈怠，时刻绷紧工作的弦 / 58
4. 杜绝粗心大意，认真做好本职工作 / 62
5. 培养专心致志的工作习惯 / 65

第四章　以工作唤醒使命，让平凡的工作闪耀光芒

　　工作就是使命，把工作做到最好就是我们的初心。有这样的使命和初心，不管多么平凡普通的工作，我们都会认认真真地去做，踏踏实实地做好，再平凡的工作也会因使命感而闪耀出耀眼的光芒。

1. 不管工作多么平凡，都有相应的使命 / 70

2. 用使命感驱动工作，坚守岗位第一线 / 74

3. 沉得下气，静得下心 / 81

4. 吃得了苦，守得住穷 / 88

5. 把使命放在肩上，在平凡的岗位上大有作为 / 93

第五章　忠于工作，把忠诚敬业作为自己的使命

作为员工，忠诚敬业就是自己最根本的使命和责任。忠诚敬业就是在工作中要兢兢业业，认认真真，一丝不苟，追求完美。把忠诚敬业当成自己的使命的时候，工作便无小事，更无难事，每一个人都会成为优秀员工。

1. 忠诚敬业，做最优秀的员工 / 100

2. 热爱工作，对工作倾尽全力 / 105

3. 像钉子一样钉在自己的岗位上 / 110

4. 认认真真，杜绝敷衍了事 / 114

5. 把敬业当成一种习惯 / 119

第六章　勇于担当，对工作要有责任感对岗位要有使命感

一份工作就是一份责任，一个岗位就是一种使命。在其位要谋其事，站其岗要负其责。一个优秀的员工，对工作要有使命感，对岗位要有责任感，敢于担当，愿意负责，只要认真努力，勤奋上进，工作一定会取得很好的成绩。

1. 对工作要有责任心，你的工作就是你的责任 / 126

2. 岗位不同，责任不同 / 130

3. 责任不是口号，而是实实在在的行动 / 135

4. 该负责时，勇敢地站出来 / 139

5. 对结果负责，让工作圆满 / 144

第七章 乐于奉献，用使命感激发工作主动性

使命感能极大地激发一个人的内驱力，有使命感的人，主动积极，会自觉自愿地去工作，自动自发地去努力，不会计较报酬的多少，更不会在乎付出了多少。他们任劳任怨，兢兢业业；他们激情满怀，乐于奉献。使命感是驱动他们勇敢前行的力量源泉，是鼓舞他们无悔奉献的核心动力。

1. 有使命感的人工作更主动 / 152

2. 自觉一点，机会就会更多一点 / 156

3. 工作没有"分内"和"分外"的区别 / 160

4. 不仅要坚守岗位，还要主动补位 / 165

5. 不怕困难，主动迎接挑战 / 170

6. 拒绝拖延，及时完成工作 / 174

第八章 以使命驱动创新，把岗位当作创新的舞台

创新是社会发展的前提，是企业进步的阶梯。一个优秀的员工、一个有使命感的员工，绝不会是因循守旧、裹足不前的思想僵化者。一个有使命感的员工，一定是一个大胆创新、开拓进取的先锋。在使命的驱动下，每一个岗位都会成为他们创新的舞台，成为他们创造工作业绩的

天地。

1. 培养创新精神，把创新作为自己的使命／180
2. 立足本职岗位，不忘初心大胆创新／182
3. 破除思维定式，摆脱思维枷锁／186
4. 学会独立思考，寻找岗位"创新点"／194
5. 就地取材，利用岗位资源创新／198
6. 勇于尝试新事物，工作因创新而不同／202

【第一章】

做好本职,把初心和使命贯注于工作的始终

做好本职工作就是把自己的工作当成事业来做,没有一丝一毫的懈怠,没有一时一刻的停留与犹豫。抛开那些黑暗中的纠缠,远离世俗里的名利,让心朝着阳光,一路向前。

立足岗位
干好本职工作

1. 不忘初心，不忘工作理想

2018年十九大报告中习近平总书记曾反复强调"我们要不忘初心，牢记使命"。中国共产党人的初心和使命，就是为中国人民谋幸福，为中华民族的复兴而努力奋斗。2014年10月8日，习近平在党的群众路线教育实践活动总结大会上指出："只有理想信念坚定，心中有党、对党忠诚才能有牢固的思想基础。理想信念动摇了，那是不可能心中有党的。"作为一名职场人，我们的初心和使命是什么？是做好本职工作、为社会作贡献的前提下，实现自我价值。也许每个人入职的原因各不相同，但我们的理想都一样，就是希望自己能在这个岗位上做出成绩，实现梦想。没有人从一开始就希望或者认定自己做不出成绩，也没有人希望自己一直做不出成绩。之所以到后来每个人的成绩各不相同，是因为努力的程度不同，努力的方式不同，坚持的时间不同，所以结果不同。我们既然选择了某个岗位，立足于某个岗位，就要为岗位负责，为自己负责。这就是不忘初心，不忘使命。理想指引人生方向，信念决定事业成败。理想信念是人们对美好前景的向往和对事业的执着追求，只有不断坚定最初的理想信念，在自身工作岗位上，踏实奋进，才能最终实现自己的理想和价值。

我们身边不乏一开始信誓旦旦的人："如果能得到心仪的工作，一定会加倍努力，在本职岗位上做出成绩，不出成绩不罢休。"可不少人

第一章 做好本职，把初心和使命贯注于工作的始终

真正工作不久就开始以各种理由打退堂鼓。比如工作太辛苦、太枯燥、太累、太没有发展前途等，总之有千万种理由让他忘记曾经的理想、誓言和干劲。于是前三个月在东公司做基层，后半年在西公司搞发展，年关在北公司应聘，年后还在找工作。不是别人看不上他，就是他看不上这份工作。与他一起入职的人做上了经理的位置，他还在东奔西走谋职位。这种人不是没有理想，也不是没有能力，只是不能脚踏实地，不能坚守自己的岗位。说得苛刻些，他们的理想只存在于口头上，落实下来他们是没有理想的，或者说没有远大的理想。他们工作的目的只是为了过日子，拿薪水。但是他们从来不愿承认自己缺乏理想与斗志，他们也会口口声声说一些将来要怎样怎样的话，但实际行动中他们又会将这些话置于一旁。理想与现实是有距离的，要将心中梦想变为现实，必须用实际行动来践行。即便我们所处的是最平凡最基层的岗位，只要努力，只要愿意为了理想而奋斗，最终都会实现梦想。

20年前，一个小保安从老家带了500元到深圳闯荡。现在，他是"都市丽人"品牌的老板郑耀南，每年营业额达60亿元。20年间，他是如何成功的？

1995年，郑耀南20岁，那时正是改革春风吹满地的时候，郑耀南从福建古田老家带了500块钱跑到深圳。只有中专毕业的他，能找到的第一份工作，是在沃尔玛中国总部做保安。

从保安到39亿身家，郑耀南有着自己独特的商业密码：即使看门，也要做看门人里面最优秀的。他会留心记住每一个进出者的名字，见面时能直接叫出来。由于他的聪明，几个月后，他从总部大门的保安调到卖场做保安。对别人来说，这不过是换个地方看门。可对郑耀南来说，却是他人生一个很大的

转变。

在卖场做保安的时候,他用心观察学习,研究消费者买东西的心理,研究销售员是怎样把东西推销出去的,研究超市是怎么管理商品的。当他知道一瓶小小的化妆品可以卖到300块钱的时候,他内心受到了巨大的冲击,坚决改行做了销售。两年后,他辞职创业,凭借自己手头的2万多元,开了第一家化妆品店。一年后就开到了8家。

日子似乎过得不错。直到有一天,他看到一个卖文胸的小摊,一件内衣只卖10元钱,可一小时营业额竟然达到了差不多1000元！郑耀南又坐不住了,他创办了都市丽人风内衣公司,也就是现在都市丽人的前身。如今郑耀南每年至少上课40天,每个月至少读一本书,每天晚上写日记。他身上随时带着一个本子,跟别人聊天时发现有用的点子就记下来。见过郑耀南的人都说,他说话非常有水平,谁能想到他竟然只有中专毕业呢！这都是不断学习的结果。

郑耀南一直相信四个字：天道酬勤。这也是他给创业者的最大经验。

天道酬勤。用这四个字来解密所有成功者,再合适不过。成功没有捷径,没有技巧,唯有坚定理想信念,加倍努力。如果我们一定要寻找良方,那就是不断学习,只有学习才能不断进步,只有不断进步,才能跟得上前人的脚步,才能适应社会发展,才能不被淘汰。学习是个人发展中不可缺少的过程,结合自身岗位需要,学习政治理论,学习专业技能,以知识来填补自己的不足,使自己在工作中多一分淡定、少一分浮躁,多一分坚定、少一分动摇。向书本学习,向身边的人学习,向领导学习,向前辈学习。以领导为标杆,以先进为榜样,以本职工作为平

 做好本职，把初心和使命贯注于工作的始终

台，以奉献企业、奉献社会为目标，力求把每一份工作做到完美。这样理想与现实的距离就会越来越近，实现理想也就指日可待了。

有人总是拿甘于平凡来掩饰自己忘记了理想的真相。甘于平凡是一种职业道德，是说在自己平凡的岗位上坚守，不攀高枝，不嫌位低，它跟忘记远大理想是完全相悖的。平凡人并不是平庸人，平庸人没有理想，没有追求，只想过俗气的日子，把自己的付出与得到的金钱作为是否公平的天平，而平凡人会立足于自己平凡的岗位，坚持自己的梦想与追求，他们既有长远的理想，也有短期的追求；既有宏伟的大志，却也不忘生活要脚踏实地。那些在各行各业中有建树的人，不是一开始就伟大，而是在不断追求理想的同时，比他人付出更多的努力与艰辛，人们把他们的精神视为伟大。当我们坚守在自己的工作岗位上时，把这份工作做到最好，在这个岗位上不断创新，使之更有利于社会，便是我们的工作理想。任何时候，我们都要牢记这个理想，督促自己不断学习，为了这份理想而坚持到底。

2. 牢记使命，工作岗位就是使命的源头

工作使命是什么？在企业里，工作使命是一种责任，是一种工作方式，是一种希望达到目的的美好愿景，更是一种甘于奉献、坚韧不拔、锲而不舍的追求精神。

把工作视为责任，对工作有使命感的员工，总是任劳任怨。他们不

追求虚荣，不好面子，更不会去刻意出风头。做好本职工作，为企业分忧是他们最大的享乐。无论他们身居何位，即使再平凡，他们也能做出了不起的成绩。他们是企业的骨干，也是企业最大最稳固的资源，有了他们，企业才得以快速发展。有的人明明能力很强，一谈起工作来口若悬河头头是道，但在企业里发挥的作用却很小。有的人知识广泛，说起来无所不知，落到实际工作却无所作为。为什么？就是因为他们对工作缺乏使命感，对工作的认识还不够，还没有把本职岗位、工作使命与人生旅途相结合起来。一个人对工作没有责任与使命感，就像是一个行动靠指挥的机器人，只能在别人的操控下行动，而不会主动地承担与分享，这种人，注定一生都无成就。

有的人可能会认为自己的工作平凡，如何拥有使命感，如何去奉献社会？其实每个岗位都有它存在的意义，每个岗位都是为企业出力，为社会做奉献。从这点来讲，职位是不分轻重的。比如你是一名清洁工，你的使命是让你所在的城市每天都干净整洁。清洁工的工作虽然平凡，但却很重要。人人都需要有个好的工作环境，人人都希望自己生活的城市美丽干净。没有清洁工的付出，我们的城市会是一片污秽，人们将无法生存，可见清洁工的重要性。如果你是一名修车工，你的使命就是让所有的车辆远离机械事故，让每一位司机开得放心，笑得开心；如果你是一名企业员工，你的使命就是为企业创造更多的价值，让客户满意，让消费者满意。做大事的人总是由小事做起，大事的成功都需要小事来辅垫才有机会。世间万物都是相辅相成的，所以说岗位不分轻重，工作没有大小。没有哪个岗位是可有可无的，每个岗位都有它的作用与价值，至于与之对应的人的价值，取决于每个人的付出。

每个人在不同的岗位都有不同的使命，只有牢记使命，我们才能将工作做得更好。工作岗位是社会给予我们展示自我的机会，是创造社会价值、实现自我价值的平台，也是使命的源头。在自己的工作岗位上一

 做好本职，把初心和使命贯注于工作的始终

步一个脚印，不怕吃苦，敢于面对失败并甘于平凡，我们才能完成使命。当老板比做员工好；当演员比跑腿要强，坐办公室比扫大街强；做销售比做服务强……很多人都会有这些想法，他们有的是因为面子观念，还有的是认为职位很重要。在他们看来，别人的成功都是机遇，而自己的失败是运气不佳。他们从来看不到别人成功背后的艰辛与付出。这种人虽然也有梦想，但却没有很好地实干；他们只愿摘取梦想的果实，而不愿付出辛勤的汗水。他们没有明白理想与现实的距离是依据付出的多少来衡量的，小事都做不好的人，是不可能做好大事情的，更何况，大事是由小事累积而成的。一个人内心如果对工作充满了激情，也就是有了责任感和使命感，他就会明白自己为什么去做。没有使命感的人不明白自己为什么而做，所以永远发挥不出身上的潜能。

  对于医疗科技领域之外的大多数人而言，"美敦力"是个陌生的名字。可如果经常浏览《财富》《商业周刊》等权威杂志的各种排行榜的话，你就会发现美敦力绝对称得上是"风云企业"——《财富》500强、全美最受赞赏的公司、全美最佳就职企业、全美慈善企业……这一个个红榜上，美敦力都是常客，而且其股票市值名列全球1000家最大公司的第54位（根据《商业周刊》2003年数据）。在业务领域内，美敦力更是在全球首屈一指，经常被人称为"医疗设备行业的微软"。

  美敦力无疑是个成功的公司。查阅以往的全球媒体报道，你会发现无论从哪个角度谈到自己的成功，美敦力几乎每一位的受访者都会把其归因于一个词：使命。首度来到中国大陆并接受专访的美敦力全球总裁兼首席运营官比尔·霍金斯也不例外："我们公司的使命是创始人厄尔·巴肯在1960年提出的，至今从未改变过。它是我们公司一切行动的核心。"沉静儒雅

的霍金斯刚开始谈话就这样表示。1949年,明尼苏达大学电子工程研究生厄尔·巴肯因为自己专业所长,被妻子工作的医院请去兼职,做一些修复精巧医疗电子设备的工作。这让他和他的姐夫帕尔玛·赫蒙斯利看到了机会。于是厄尔放弃了学业,帕尔玛辞去了木材厂的工作,两人合伙成立了一家修理医疗仪器的公司,起名叫美敦力。他们从修理仪器起家,后来开始代理销售其他医疗设备公司的产品,随后进一步应客户要求修改和定制产品,从此开始了自己的制造业务。1957年,美敦力制造出了世界第一台便携式体外心脏起搏器,并于1960年制造出世界第一台可靠的可植入式心脏起搏系统,奠定了全球起搏技术领导者的地位。

  但有了创新并不一定就意味着盈利。事实上美敦力的亏损额在不断增加。而此时投资者的出现,对美敦力来说无疑是一个大好消息。但这些投资者可不简单,他们不是那种只知道扳着手指头算钱的人,他们要厄尔为公司确定一个使命,然后才能把钱投给美敦力。于是,厄尔审慎制订出了以"将生物医疗技术用于慢性疾病治疗领域,恢复健康,减轻病痛,延长寿命"为主要内容的使命。与很多公司使命出自创业者的个人好恶不同,美敦力的使命是应投资者要求而制订的。更不同的是,虽然它出自投资者,但却恰恰不是唯利是图的,更不是"唱高调"做给投资者看的。从1960年至今,美敦力的领导者交接了好几任,但在实际运营中这家公司的使命从未改变过。

  今天的美敦力通过内部发展以及战略并购,已经成功地从一个单一产品的公司转变为一个多元化、国际化的医疗技术公司。作为美敦力的一员,欧斯德博士显然非常自豪:"在全

 **做好本职，把初心和使命贯注于工作的始终**

球，像我们这样的做法很少见。很多大公司发展时间长了以后就失去了方向。不少大的制药公司都做化妆品，而我们不会进入化妆品领域，因为这不会给我们增加价值。我们不会成为控股投资公司、不会成为大企业集团，我们不会做我们不懂的业务，我们只专注于减轻慢性疾病痛苦的实践，因为这是与我们的使命相符合的。"再看看美敦力的多元化：慢性心脏疾病、恶性及非恶性疼痛、运动失调、糖尿病、胃肠疾病、泌尿系统疾病、脊椎疾病、神经系统疾病及五官科手术治疗等领域。而且在所有这些领域内，几乎都居于数一数二的位置。使命的专注与执着给美敦力带来的不是更少，而是更多。

一些人努力工作的原因很简单，就是要创造更多的利益，这个想法看起来与使命没有多大关系，但美敦力的成功告诉我们，使命与利润并不是对立的两个面，而是可以兼得的。通过对使命的信仰与坚持，美敦力获得的不仅是利润，还有更多的人气与赞赏。对个人而言，这个道理也是适用的。毫无疑问，在这个以创造的劳动价值来衡量一个人能力的社会，一个人付出得多，那么他得到的就不仅是利润，还有机会、知识和成长。也许你曾经因为自己的岗位太平凡而有些泄气，也许你曾经因为你的工作不是你心中所期望的而一度想要逃离。但是，有了属于自己的岗位，你才有使命，才有目标，才有奋斗的理由。只要你能够用心去经营，去认知自己的岗位，去接受自己的岗位，并愿意去接受你的岗位使命，你会发现其实它并不平凡，并不普通。在这个岗位上，你一样可以有所作为。很多人都会因为自己对工作不甚满意而不停地换来换去，到最后还是没有找到一个令自己满意的工作。其实并不是工作不适合你，而是你的思想在作祟。所有的工作都不会一帆风顺，任何事情都需要通过自身的努力来达到自己的要求。一个毫无工作热情，毫无使命感的人换到哪里也只是庸人一个，不会有成绩。一份工作带给我们的除了稳定的收入，还有工作的乐趣、实现自我价值和完成使命的机会。失去工作岗位，就同时失去了这些。所以我们要珍惜它，感激它，做好它。

3. 不计名利，埋头工作

每个公司都有这样一群人，他们处事精明，办事利落，能力超人，但他们从不为他人着想，更不会从公司的角度出发考虑问题，他们做每件事情都与自己的利益息息相关，凡事都把利益摆在第一位，仗着个人能力的优势，甚至不惜牺牲他人的劳动和利益来成全自己的名利。这种人一开始会得无数小利，并以这种小利为傲，为自己的聪明沾沾自喜。但时间一久，人人识得他心，他便再无立足之地。这就是职场上总是在跳槽，总是一事无成的那批人。所谓名利，就是指名声和利益。这两者是很多人追求一生的目标。追求名利并没有什么不对，但如果人生只是为了追求名声和利益，那么就显得空虚、乏味和无意义了。

马斯洛说过，人类的最大愿望与最崇高的追求不是获得金钱，也不是获得地位，人生的最高境界是精神追求，精神世界富足，才是人生最大的成功。何为精神富足？就是在某一个行业里，将自己的潜能发挥到极致，从而使自己获得心理满足的过程。我们评价一个人是否成功的标准不是看他拥有多少金钱、处于多高的地位，而是看他的潜能是否得到了充分的发挥。马斯洛强调，一个鞋匠，一个秘书，如果他的潜能规定

 **做好本职，把初心和使命贯注于工作的始终**

了他只能做好一个鞋匠、一个秘书，而他又确实做好了，并且做得很好。那么，这就意味着他的潜能得到了充分的发挥，这就意味着他是一个成功的人、一个实现自我的人。相反，即使你已经取得了成功，有了不错的地位，得到了相当的利益，但你的潜能并没有完全发挥出来，你就不能算是一个真正意义上的成功者。

一个企业的成功，是靠每个员工共同努力来完成的。任何一个岗位都有它相应的职责和任务，履行好自己的职责，出色地完成自己的任务，最大程度地发挥自己的潜能，如此一来，员工实现了自我价值，企业也为社会做出了贡献，这才是最高境界，才是人类追求的初心。有些事情，做与不做，做的好与不好，不仅取决于能力，关键还取决于员工的心态。有责任心和使命感的人和没有责任心的人，在同一个岗位做出的成绩是完全不同的。没有使命感的人可能只是在混日子，混薪水，而背负着岗位使命的人，会埋头苦干，不计名利，把心完全放在事业上。

爱岗敬业，追求一流的工作业绩，却又不为名、不为利，这两者统一在一个人身上，他的人格便更有魅力，人生更有价值。1977年，黄大年考入长春地质学院应用地球物理系，硕士毕业后留校任教。在当年的毕业纪念册上，黄大年的留言写到："振兴中华，乃我辈之责！"他心怀报国之志，1992年，黄大年被公派到英国攻读博士，并从事地球物理研究工作，成为这个领域研究高科技敏感技术的少数中国人之一。2009年4月，当得知国家的"海外高层次人才引进计划"时，黄大年第一时间给母校打电话，明确表示要回国。

吉林大学地球探测科学与技术学院院长刘财教授回忆说："黄老师没有提一个钱字，就强调他在国外做的这种高精尖的科研工作，以及这种工作回到国内来怎么开展。"

立足岗位
干好本职工作

"我觉得对我来说很简单，因为简单的根源就是情结问题，惦记着养育我成长的这片土地。我们国家从一个大国向一个强国迈进过程中，需要很多很多像我这样的人回来参与建设。"回国后的第6天，黄大年就与吉林大学签下全职教授合同，成为第一批回到东北发展的国家"千人计划"专家。他带着先进技术，重点攻关国家急需的"地球深部探测仪器"。这种设备就像一只"透视眼"，能"看清"深层地下的矿产、海底的隐伏目标，对国土安全具有重大价值。而这样的高端装备，国外长期对华垄断、封锁。从零开始的黄大年，带着研究团队日夜奋战。他出差始终赶最晚的那一程，这样就不耽误白天工作；同事经常两三点钟接到他的信息，得知新的任务。国家"千人计划"特聘专家吉林大学汽车工程学院教授马芳武回忆："黄老师他说非常急迫，我们现在要创建双一流大学，一定要跟上时代快速发展的步伐。"

和家人聚少离多，让黄大年心怀愧疚，他在朋友圈感叹："可怜老妻孤守在家，在挂念中麻木，在空守中老去。"国家"千人计划"特聘专家吉林大学计算机科学与技术学院教授王献昌说道："黄教授有一句话很典范的，他说我们等于说为国家损失了20年的工作时间，我们要把它补回来，那真的就是一种家国情怀，回来以后是只争朝夕。"黄大年带领400多名科技人员，成功研制我国第一台万米科学钻——"地壳一号"，自主研制综合地球物理数据分析一体化的软件系统，提高国家深部探测关键仪器的制造能力。

2016年12月8日，黄大年因胆管癌住进医院。即便在病床上，打着吊瓶的黄大年还在改方案，给学生答疑解难。黄教授的学生周文月告诉我们："老师刚打完点滴，这手还没有缓

做好本职，把初心和使命贯注于工作的始终

过劲来呢，就开始给他讲，所以我就拍下来这个照片。他跟我说的最多的一句话就是，一定要出去，出去一定要出息，出息了一定要报国。"2017年1月8日，黄大年因病逝世。众多师生带着伤痛和怀念，默默垂泪，悼念送别。斯人已去，未尽的事业却仍在继续。黄大年生前规划的"十三五"国家重点研发计划——航空重力梯度仪研制，已通过阶段论证即将启动。昔日与黄老师并肩奋战的同事，正让"地球深部探测仪器"从理论走向应用。在吉林大学档案馆，黄大年写的入党申请书，读起来仍让人感慨："人的生命相对历史的长河不过是短暂的一现，随波逐流只能是枉自一生，若能做一朵小小的浪花奔腾，呼啸加入献身者的滚滚洪流中，推动人类历史向前发展，我觉得这才是一生中最值得骄傲和自豪的事情。"

这是个物欲横流的时代。多数人都在奋力追求着名和利。他们认为名利是自己努力的见证，只有名利双收，才能证明自己的实力，才能证明我们曾经的努力。有人为了名利不择手段，虽然在某些方面达到了一定的目的，但在真正得到时才发现其实并不如他们曾经想象得那般快乐，相反会有重重的失落感，因为在追求名利的过程中他们失去了太多宝贵的，再也回不来的东西。"非淡泊无以明志，非宁静无以致远"，这句千古名言，说出了人生许多的真谛。人生在世，名利都是身外之物，就算是永世追求，也不会因为得到而满足，它只会让你的欲望更膨胀，从而带给你无尽的烦恼，使你身心疲惫。有许多时候，我们之所以感觉不幸福、不快乐，多半是由于我们的不知足。学会知足，我们才能用一种超然的心态对待眼前的一切。不以物喜，不以己悲，不做世间功利的奴隶，也不为凡尘中各种搅扰、牵累、烦恼所左右，使自己的人生不断得以升华。淡泊名利的人更容易知足。尽管淡泊名利可能会让我们

一生活在平凡的世界里,但我们的生活是充实而有意义的,我们平凡而不平庸,我们总是生活在灿烂阳光下。不计名利,埋头工作,让自己的每一天都散发光彩,为了使命而努力,为了梦想从不放弃,直到目标得以实现,这才是职场上最大的赢家。习近平曾说过,淡泊名利是共产党人的高风亮节。这种高风亮节体现在每一个角落和岗位上。虽然淡泊名利,但他们从来没有放弃过努力,也从来没有忘记过自己的使命,他们把工作看得比生命还重要,一心一意付出,从不后悔。

4. 安守本职,兢兢业业干好工作

职场上每个岗位并不都是让人满意的。因为种种原因,我们常常被安排到自己并不十分喜欢的领域里,做着一些自认为枯燥、繁琐且没有意义的工作,于是有了抱怨、消极和不满情绪。这种情绪的产生导致我们工作马虎,积极性不高,有的甚至怠工,混日子。这些想法与做法都是不对的。既然选择并接受了这份职业,我们就要从心理上去接受它,并为其负责。消极和抱怨都不可能改变事实,相反,以积极的心态去接受它,去认真把它做好,才是正确的选择。我们都知道,干一行、爱一行、通一行是一种优秀的职业品质。一个人只有干一行爱一行,才能专一行,才能最大限度地发挥自己的聪明才智,为公司发展做出自己的贡献,同时也能实现自我的价值。

干好工作,就需要我们哪怕在自己不喜欢的领域里,也要做到积极

 做好本职，把初心和使命贯注于工作的始终

热情，忠于职守。"思想决定行动"，正确对待自己的工作是我们做好本职工作的前提。即使不是让自己很满意的工作，我们也要从心底认识到，有了这份工作，我们才有了施展才华的平台，有了这份工作，我们才能拥有实现自我价值的机会，只有从事这份工作，我们才能接触到更宽广的知识领域，才能有发展和提高。任何一份工作都有它的尊严和重要性，不要以为这个岗位缺了自己就不行，更不要以为只有找到自己满意的工作才能有前途。只有心底里承认并接受了这份工作，你才会真正爱它，才能敬业，才能忠于职守。卡耐基曾经说过："有两种人成不了大器，一种是别人非要他做，否则不会主动做事的人；另一种是即使别人让他做，也做不好事的人。那些不需要别人催促，就会主动做事，而且不会半途而废的人更容易成功，这种人懂得要求自己多付出一点点，而且做得比预期的更多。"被动地去工作是不会有热情的，工作效率也不会高到哪儿去。只有一心一意想把工作做好，并且力求做出成绩的人，才会在自己的岗位上兢兢业业，甘愿付出而不计回报。

2012年5月8日20时30分许，佳木斯市第十九中学下晚自习的初三学生涌向四中校门（因学校正在装修，初三年级借用四中校舍），没想到停在胜利路北侧第四中学门前的一辆金龙大客车突然失控，连撞两车后向校门口的学生们撞来。

面对失控冲过来的汽车，正在路旁疏导学生的张丽莉老师本可以选择退避，但她用手推开、用身体撞开了身边的学生，而自己随即被卷入车下。车轮从张丽莉的大腿辗压过去，肉都翻卷起来，路面满是鲜血，惨不忍睹。被轧伤后她有时清醒有时昏迷，在送医院的途中还对大家说："要先救学生。"

作为一名班主任，53名学生就是她的孩子，没做母亲的张老师，把这个角色诠释到最美，使三年三班这个大家庭充满

立足岗位
干好本职工作

了爱的温暖。学生生病了，她买营养品去看望，落下的课找时间给补上；学生过生日，她在黑板上写上祝福的话；夏天天热，她在地上洒水为同学们送来清凉；冬天天冷，她用电水壶烧水给学生送来温暖；学生自习时，她替学生做值日，给他们更好的学习环境和更多的学习时间；体育考试下大雨，她把自己的伞和衣服让给学生，保证他们考出好成绩；家长会时天气热，怕家长受不了，她自己掏钱给每位家长买冰棍；放学时学生等不到来接的家长，她主动打车送孩子回家……这份爱让每位同学倍感温暖，他们为生活在三班这个大家庭而幸福，为有这样一个美丽善良的好老师而骄傲。听说张老师出车祸的消息，震惊之余，同学们更多地想起了自己和张老师过马路的情景。

学生闫泽坤回忆说："每次放学和张老师一起走出校门时，张老师都会拉起我和身边同学的手说'来，孩子，我们一起过马路，别着急，慢点'。在老师的牵引下，我们走过了一个个路口，可是现在……"闫泽坤说到这已经泣不成声。而学生闫泓佚说起的一件事更让人感动："初一的一个傍晚，班中有位同学生病了，我们的丽莉老师带我们几个班干部去探望他。她和我们打车时，一辆自行车突然向我撞来，老师一把将我揽入了怀中，车子刮坏了张老师的皮裤子，而她的第一反应是问我'孩子你没事吧？'"

张老师的座右铭是"要做就做到最好"。张丽莉老师2007年参加工作，从教5年来她用全部的热情，点亮了无悔的从师之路。在年轻的班主任当中，她所在的班级名次评比遥遥领先，家长信服、领导放心、学生喜欢，她用年轻的心、执着的热情在前进的路上收获了累累硕果：多次评为学校"青年骨

 第一章 做好本职，把初心和使命贯注于工作的始终

干教师""教师新秀""最受学生喜爱的教师""菊花杯"语文竞赛一等奖等殊荣。

和她同学年的主任说："丽莉是个热心的青年人，谁有事，她都主动帮忙，干起工作来还是拼命三郎。去年因为和学生练跑步，她流产了，没休几天就上课来了。她说，50多个孩子她不能丢下不管。"和张丽莉老师的学生谈起张老师，孩子们说："丽莉老师常常让我们感动，她总是在不经意间给我们温暖，她是老师，更像妈妈，那些点滴真的不知道从何谈起。耳边萦绕的还是她为打消我们困意讲给我们的笑话，还是她课堂上的笑声朗朗。"他们要对丽莉老师说："我们都在等着您来给我们上课，老师您会回来吧。"

一份选择就意味着一种使命，一种责任。把这份选择当成生命中最重要的事情来做，做到愿意付出一切，哪怕是生命，这才是人类追求的最高境界，这才是不忘初心、不侮使命。作为一名教师，她的岗位责任就是教书育人，她的使命就是让学生们学会知识，学会做人的道理，而张丽莉老师却做到了付出生命的高度，因而得到了全社会的认可和赞美。可见任何职业任何岗位，只要你热爱它，你就会做得比别人好。

工作兢兢业业的人一定是有高度责任心与使命感的人。他们之所以任劳任怨、一丝不苟，是因为他们热爱自己的职业，懂得感恩自己的职业，感恩企业给予了自己这份工作。一个岗位就意味着一份责任，一个岗位就有一份实现理想的希望。把责任当成己任，把希望寄托于工作，让使命驱使自己不断前进，这样的人无论在哪个岗位都会因为闪光而倍受关注，无论在哪个岗位都是企业不可缺少的人才。

立足岗位
干好本职工作

5. 始终如一,把工作当成一生的事业

职场上每个人的性格与生活方式都各不相同,但从对工作的认知上来分的话,大致可以分为两种人。一种是把工作当"事情",另一种是把工作当"事业"。事情与事业,一字之差,导致的行为结果却完全不同。把工作当成是事情来做的人,往往注重的是眼前的得失,尤其是薪水,他们的喜怒都是由薪水的多少来决定的。当薪水高时,他们就高兴,做事情也有兴趣,有时还会主动。一旦薪水不满意,就开始偷懒、敷衍,开始视工作为不得不完成的任务和麻烦。这种人对于提高技能、增长知识毫无兴趣,他们关注的只是利益,他们得到的也只是薪水。相反,那些把工作当成事业来做的人,他们并不在意自己在短时期内得到的薪水,是否与自己的付出成正比。对待手中的工作时,他们绝不会将其视为简单的事情,而是当成他们心中向往的事业,精益求精地去做。他们关心的是自己在这份工作中是否做到了最好。他们敢于面对困难,敢于挑战,愿意在挑战中战胜自我。

人生最大的敌人其实是自我。对一份工作有热情并不难,难的是始终如一,一直把它当成事业来做。有的人在经过无数竞争与努力后终于得到某个职位时,心里暗自欢喜并发誓一定把它做好。可是一段时间后,热情消退,心理产生变化,不再对这份工作感兴趣,要么认为自己才高,就职这份工作受了委屈,要么认为这份工作难度太大,自己难以

 **做好本职，把初心和使命贯注于工作的始终**

胜任。总之理由一大篇，目的无非是为自己的不努力找到合适的借口。随着社会生产力的不断发展，社会分工越来越细，工作也越来越具有多样性。工作虽然多样，但却没有高低贵贱之分。因此，要坚信自己所从事的工作是最有意义的，最有价值的。不管职位高低，不论薪水多少，只有这样，才能尽心尽力地做好本职工作。当然，要想始终保持对工作的激情，把工作当成事业，我们首先得把"事情"与"事业"完全区分开。

工作与事业的区别是工作让你疲惫，事业让你兴奋；工作是只要有薪水拿，什么时候都可以撒手不干，而事业是你一生的追求与梦想，到老都不愿舍弃；工作无论做得好坏，薪水少一分也不愿意，而干事业哪怕是分文不取也没关系，积累的经验与学到的知识同样是重要财富；工作遇到难题时你可以推让，事业遇到难题时你会想尽千方百计来解决；工作只是完成上司交待的任务；事业却是面面俱到，生怕哪一点没有做到位；今天干了明天还想干的是事业，今天干了明天不得不还干的是工作。以上这些，可以自检，看看你是单纯的在工作还是把工作当成自己一生的事业在做。想干和不得不干是两个完全不同的心态，也会有两种完全不同的行为方式，它也决定了两种不同的生活质量。把工作当成是谋生的手段，想法就很简单，只要有薪水就干，没有薪水就一拍两散，此处不留人，自有留人处。事业则不同，无论薪水高低，无论困难有多少，只要没有达到目的就一定不会罢休。即使再辛苦，心中也是幸福的。

可能一些人还存在对事业的误区。认为我做的只是一份普通而平凡的工作，怎么可能与事业挂钩？这是非常错误的想法，这种想法会导致你工作没有激情，失去信心。并不是所有的事业都高大上，也不是普通职业就做不出事业来。凡是成功的人，都是从普通到不平凡的。比如一名医生，他只是治病救人，那么这是他的职业，如果他能够让社会上大

立足岗位
干好本职工作

多数人因为他而延年益寿，少生疾病，那么这就成了事业，他不仅为社会做出了贡献，也实现了自我价值。当然成功来得并不容易，不是光凭一时的兴趣和激情就能把工作做成事业的，更不是靠口号喊出结果的，它需要我们持之以恒，不断进取，通过一生的努力才能实现。当你习惯了把工作当成事业时，你在工作时就会有无限的激情，而这种激情会伴你闯过许多难关。

世界首富、微软创始人比尔·盖茨先生说："如果只把工作当作一件差事，或者只将目光停留在工作本身，那么即使是从事你最喜欢的工作，你依然无法持久地保持对工作的激情。但如果把工作当作一项事业来看待，情况就会完全不同。"工作是别人的，事业是自己的。为自己做事当然跟给别人做事完全不同。我们时常会听到一些人抱怨，说是做着不喜欢的工作，很烦恼，也很无奈。即使是换了好多次工作，还是没有找到自己真正喜欢的。其实并不是没有找到自己喜欢的，而是他们从心里就没有去喜欢过。喜不喜欢一份工作，跟工作本身的性质关系并不大，主要是看一个人的心态，如果你愿意去接受并喜欢它，再普通单调的工作也能做得有滋有味，如果你始终从心里排斥它，一生也别想找到中意的工作。

任何人所从事的工作从本质上讲并没有什么不同，只是社会分工不同而已。快乐与不快乐的区别不只是在于做自己喜欢的事，而是喜欢自己做的事。喜欢自己做的事，首先是对自己的一种肯定和认可，同时可以增加自己的信心，相信自己可以做得比别人更好。

贾立群是北京儿童医院的一名普通的B超医生。因为他是一名心系患者的医生，所以他把职业当作一生的事业来做；因为他是一名追求完美的医生，所以他容不得B超检查出现丝毫差错；因为他是一名重品行淡名利的医生，所以他是儿童

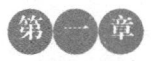 做好本职，把初心和使命贯注于工作的始终

生命的守护神。他是我们身边的楷模，是医生的骄傲。

在北京儿童医院，患儿家长们经常对医生提出这样的要求：我们要做"贾立群B超"！他们以为"贾立群B超"是一种特殊的B超检查。其实，这是众多的家长口口相传才出现的一个小误会。由于贾立群医生在B超检查时绝对不放过任何细小的环节，B超结果十分精确，所以很多外科医生在遇到疑难杂症时，就会在B超单子上简单注明"贾立群B超"，一来二去就有了"贾立群B超"是一种B超品牌的说法。很多家长做完B超后，感觉B超机和见过的B超机没有什么区别，就满腹疑云地问他："大夫，您做的是'贾立群B超'吗？"贾立群笑着说："这台机器加上我就可以叫'贾立群B超'了。"家长们这才明白贾立群不是什么B超的品牌，而是B超医生的名字。

医术精湛是医生的本分，仁心仁术更是贾立群永恒的追求。他对病人许下了"24小时服务、随叫随到"的承诺，最常说的一句话是："只要你们能等，不管多晚我都给你们做。"为了少让孩子因为B超检查挨饿，他就挤出吃午饭的时间连续工作，时间久了，也就养成了不吃午饭的习惯，这个习惯至今已有二十多年。近几年，由于贾立群长期的作息不规律，一些疾病逐渐找上门来。有一次，他肚子疼得直不起腰来。可是，看到诊室外挤满了远道而来的病人，他就用一只手捂着肚子，另一只手拿探头为孩子做了一天的检查。直到晚上诊断完所有的病人，才到急诊就诊。医生马上给他做了急诊手术，术后毫不客气地说："亏得自己还是医生呢！来这么晚，阑尾都穿孔坏疽了，太危险了！"他对大夫说："看到孩子们期盼的眼神，我于心不忍啊！"接诊大夫深有感触地说了两个字

立足岗位
干好本职工作

"明白！"

一名内蒙古的肾积水患儿需要做B超检查。当听到B超检查需预约好几天时，家长一筹莫展。一名候诊的家长提醒他："找'B超神探'贾立群加号"。家长便趁贾立群方便时"尾随"至厕所，一把抓住他的胳膊边晃边说："贾主任，我孩子的病情比较重，请您给加个号吧！"他左右为难，晚上七点已约好去探视住院的妻子。看着家长充满期待的眼神，他说："只要你愿意等，晚上七点给你加。"家长露出了满意的笑容。当他正要回到B超室时，这位家长再次抓住他的胳膊说："贾主任，刚才忘了跟您说谢谢了，我给您点钱，您买点水喝吧！"家长边说边往他的衣兜里塞钱，却怎么也塞不进去。他边安慰家长边说："你放心，我肯定给你做。你把钱用在看病上吧，我的兜都缝着呢。"家长感慨地说："还真是第一次见您这样的缝兜大夫！""缝兜大夫"从此便在患者之间传开了。

把工作当成事业来做，就会对工作有无限热情。将工作融入到自己的生命中，以强烈的责任感和使命感创造性地开展工作；有争创一流的志气、百折不挠的勇气和奋力开拓的锐气。人生始终都在选择，选择一份工作，选择是否努力，选择是把它当成工作还是事业……对待工作最好的态度就是像对待自己的亲人一样，永不抛弃、不放弃。一旦站在某个职位上，就把它当成是自己一生的事业，去努力拼搏，去甘于奉献，去大胆创新。如果你希望自己成功，如果你觉得自己并不比别人差，想通过自己的努力有所成就，就把工作当成事业去做，并用一生的时间去坚持、去守护。努力培养自己对工作的兴趣，有了兴趣，工作才有乐趣，才有动力，才愿意一生为之奋斗。

第一章 做好本职,把初心和使命贯注于工作的始终

把工作当成事业去干会让困难更多,因为把工作当成事业来做的人对工作的要求会更高,而且有些工作始终是乏味和枯燥的。但是,不管干什么工作,我们只要愿意去动脑子,总可以想办法把自己的工作干得更好,或者通过自己的思考想办法提出改进工作的办法,这样的心态就可以从工作中找到一定的乐趣。对工作兴致越高,就会做得越好。把工作当事业干,承载的是一种责任,这种责任,就是清楚明了地知道自己该干什么,并自觉、认真地落实到行动中去,始终如一,从不更改。

【第二章】

立足岗位，岗位是初心和使命的落脚点

对于职场人来说，岗位就是人生的舞台，就是实现价值的途径，是初心和使命的落脚点。不管你追求的使命是什么，坚持的初心是什么，都需要通过岗位来实现。这就要求我们立足岗位，坚守岗位，做好岗位工作，创造岗位辉煌。

1. 岗位工作是走向卓越人生的支点

有这样一个故事：在古老的欧洲，有一个人在死后发现自己来到一个美妙而又能享受一切的地方。他刚踏上那片乐土，就有一个看似侍者模样的人走过来问他："先生，您有什么需要吗？在这里您可以拥有一切您想要的——所有的美味佳肴，所有可能的娱乐及各式各样的消遣，其中不乏妙龄美女，让您尽情享受。"

这个人听后，感到有些惊奇，但非常高兴，他暗自窃喜：这不正是我在人世间的梦想吗？于是他每天都品尝各种佳肴美食，同时尽享美色的滋味。然而有一天他却对这一切感到索然无味了，于是他就对侍者说："我对这一切感到很厌烦，我需要做一些事情。你可以给我一份工作吗？"

侍者摇头说，"很抱歉，先生，这是我们这里唯一不能为您做的。这里没有工作可以给您做。"

这个人非常沮丧，愤怒地挥动着手说："这真是太糟糕了，还算是天堂呢！那我干脆去地狱好了。"

"您以为您在什么地方呢？这里就是地狱。地狱与天堂的唯一区别就是没有工作！"那位侍者温和地说。

 **立足岗位，岗位是初心和使命的落脚点**

一个人没有工作意味着什么？意味着人生索然无味，即使每天享受美味佳肴，即使是过着你曾经向往的美好日子，人生依然是毫无趣味的。工作是人类追求理想与幸福的源头，是走向卓越人生的支点，没有它，人生就不完整。三百六十行，行行都是岗位；工农商学兵，个个都有梦想。岗位不仅是职业，也是事业的起点与支点。做好岗位工作，把岗位当成自己的事业来认真对待，这样无论你做哪行，都会有不一样的成功。所以不要总认为手中的这份工作并不适合自己，也不要认为做这份工作委屈了自己，怀才不遇是那些不愿努力的人为自己找的冠冕堂皇的理由，是虚伪，是懒惰，更是不负责任。待遇高、福利好的工作确实存在，但都是留给愿意从最底层做起，愿意为工作奉献一生的人的。做三天发现自己没兴趣就跳槽，提拔慢了一点就拿岗位撒气，把岗位当成筹码来讨价还价的人，终究是与待遇高、福利好的工作无缘的。因为他们等不起，输不起，也就配不上这种工作。

试想一个人没有工作，没有地方来发现自己的才能，没有地方寻找人生的乐趣，他的一生该有多么无聊与悲哀？可见并不是工作需要你，而是你需要工作，需要通过工作来实现人生价值，来实现梦想，来体会百味人生的乐趣。那么我们还有什么理由不去珍惜自己的岗位，不在自己的岗位上努力呢？

每个人在漫长的人生中，大部分时间都是在工作中度过的。珍惜岗位才能把工作做得更好，进而提高自己的人生价值。如果连岗位都没有，或者有岗位却不好好珍惜，哪怕有最美好的人生理想、出类拔萃的聪明才智，最终也不过犹如海市蜃楼，虚无缥缈罢了。"没事，不做了，先随便找个工作再说，反正我先把老板炒了。"这是跳槽者经常安慰自己的一句话，殊不知，跳来跳去，年龄大了，知识跟不上时代了，经历不如别人丰富了，于是一而再再而三地降低标准，最后不得不从最底层做起。早知如此，还不如从一开始就老老实实从基层做起，好歹还能积累些经验，攒点人气。

我们不光要珍惜眼前的岗位，对工作加倍付出，还要时时存在危机感。因为并不是所有的人都和你一样幸运的有一份工作，放眼望去，每个城市每天都有庞大的求职大军在寻找着不同的岗位，只要你稍加放松，立马会有人顶替上来，他们会在来时的路上将你的梦想踩得粉碎。大多数人在追求成功的路上所看见的都是金钱、地位与荣誉，只有真正成功的人才明白，这些都不过是生命中的过客。让自己站在一个曾经向往的高度，回首时毫无遗憾，这才是成功，才是人类追求的最终目标。所有成功的前一刻记载的都是失败与尝试，成功时也只有对失败的珍惜和坚持，没有秘笈，没有法宝。

我们进入到某个岗位，无非是两个原因，一是自己主动要求，愿望达成；二是因为各种原因而不得不选择这份职业——可以确定的是没有人逼你。不管哪种原因，我们占据了这个岗位是事实。既然占据了这个岗位，就应该去珍惜它。哪怕这个岗位上所有的事情都不是你真心喜欢的，哪怕你工作时并没有多大的兴趣，也要让自己燃起对它的激情，从心底里热爱它，珍惜它，这样才会有干劲，才能完成自己的使命。很多事情不是我们想不想干、愿不愿干、可不可干的选择问题，而是一个必须要干且必须要干好的职业道德问题。身为一个集体中的一分子，我们就应该为之争光添彩，而不是拖后腿甚至影响企业的发展。

苏珊出生于中国台北的一个音乐世家，她从小就受到了很好的音乐启蒙，期望自己能够一生驰骋在音乐的天地里。然而，她却阴差阳错地考进了大学的工商管理系。尽管不喜欢这一专业，但她学得很认真，各科成绩均是优异，毕业时她被保送到麻省理工学院，攻读MBA，并最终拿到了经济管理专业的博士学位。如今已是美国证券业界风云人物的她，依然心存

 立足岗位，岗位是初心和使命的落脚点

遗憾地说："老实说，至今为止，我仍说不上喜欢自己所从事的工作。如果能够让我重新选择，我会毫不犹豫地选择音乐……"有人问她："你不喜欢你的专业，为什么你学得那么棒？不喜欢眼下的工作，为什么你又做得那么优秀？"苏珊发自内心地说道："因为我在那个位置上，那里有我应尽的职责，我必须认真对待。不管喜不喜欢，自己都必须尽心尽力，对工作负责，也是对自己负责。"

阴差阳错并不能代表你可以不努力，也并不能说明只有在自己喜欢的岗位上才能做出成绩、才能成功。选择了这个岗位，就要对它负责。一个连本职工作都做不好的人，怎么可能做得好其他事情？一个人的工作是他生存的基本条件，生存质量的差别，就是他是否努力的见证。能够把平凡的本职工作做好的人，往往还有更好的、更多的机会可以尝试。同样的，普通岗位的事情都做不好，特殊岗位肯定是不会做好的。一个岗位代表一份收入，更代表一种价值的存在。它能让我们享受生活的乐趣，在工作中学习知识，在成长中进步。要想成就卓越人生，就必须工作，必须在自己的岗位上做出不同凡响的成绩。

2. 立足岗位，锻造良好的工作态度

"今天不爱岗，明天就下岗；今天不敬业，明天就失业；今天工作

立足岗位
干好本职工作

不努力,明天努力找工作。"这是职场人人都明白的道理。它告诉我们的是一个真理。态度决定一切。态度就是生存力、竞争力、发展力。今天你工作的态度和行为,直接决定了日后的作为和发展。一个人成功与否,就看他对待工作的态度,态度决定着一个人的前途和命运。假若在别人灰心沮丧,有气无力,精神不振的时候你却意气风发,斗志昂扬;别人遇到困难就放弃时,你选择坚持不懈,持之以恒;别人止步不前、摇摆不定时,你积极进取,奋力拼搏;别人松懈懒惰,无精打采的时候,你全力以赴,不找借口,只想成功。那么,你与别人的命运会完全不同。别人可能已经无路可走了,可你眼前却是大好前程。世界上所有的机会都是靠自己去争取的而不是等来的。而争取这些机会的法宝就是态度。有了良好的工作态度,你就有竞争机会的资本。一个人能力可以弱一点,但态度决不能马虎。任何时候都可以以积极向上的态度来对待工作,就不会失败。

良好的工作态度首先来自于自己的思想。要想明白"我在替谁工作"。有的人总认为是在为公司、为老板而工作。所以他们喜欢得过且过,喜欢时不时地懒惰一回。一来二去,一辈子浑浑噩噩,一事无成就过去了。这种人生忘了初心,失了理想,人生也没有任何意义。想要远离这种毫无价值的人生,就要强化"工作是为了自己而不是为别人"的思想,始终把工作视为自己难得的机会,明白只有通过工作,才能实现自己的梦想,才能实现自我价值的道理。良好的心态是不分年龄,不分性别的。有的人初入职场,却对人生有不一样的看法,对工作充满激情,有的人工作了大半辈子还没明白自己到底是在为谁工作,为何而工作。一个人有着怎样的工作态度,与其思想有着密不可分的关系。看重这份工作,愿意为之努力的人,面对人生中的喜怒哀乐、工作中的起起伏伏都能坦然接受,并且临危不乱。而总以为在为他人工作的人,一旦遇到不满或不公平,就会乱了方寸,慨叹人生,萎靡不振,失去信心。

 立足岗位，岗位是初心和使命的落脚点

到最后，两种不同的工作态度，决定了两种不一样的人生。

工作只有目标明确，才能做到有的放矢；只有定位准确，才会使工作有意义、有效果。这就要求我们一边工作一边思考，思考我们的定位是否准确，思考我们的工作方法是否正确，思考工作中是否有创新，还存在哪些不足需要我们改正与弥补。总结经验，找出问题，并及时解决。工作其实就是不断地解决问题的过程。不要害怕工作中出现问题，只要我们有积极面对问题的态度，一切困难都是可以解决的，只要你坚信自己是最棒的人选，相信在这个岗位上你一定能做好。困难并不可怕，可怕的是没有面对困难的勇气和信心。

一位企业老板给另外一位公司经理发了一封电子邀请函，连发几次都被退回。公司经理问自己的秘书是怎么回事，秘书没去调查原因，只是猜测地说，可能是邮箱满了的原因。可一周过去了，经理仍然没有收到企业的邀请函。经理又问秘书，秘书的回答竟然还是邮箱满了！公司因此失去了与该企业筹备已久的合作项目，经理一气之下，辞退了秘书。

同样是一位秘书，她是自考本科毕业后应聘到一家外贸公司的。她的意向是经理秘书，但公司却安排她做办公室文员，具体的任务就是负责收发传真、复印文件。她虽然有点犹豫，但最终还是抱着积极的态度投入到工作中去了，因为她觉得这样的机会来之不易。她工作非常认真，同事们交代的事情，她都能准确及时地完成，从没有怨言。有一次，经理拿一份合同让她复印，说要急用。细心的她习惯性地快速浏览了一遍合同。当经理有些不耐烦地催促她时，她指着一处错误给经理看。经理看完之后，吓出了一身冷汗，原来是一个数字后面多了一个零。她的细心为公司避免了几百万元的损失，于是很快

就被提升为经理秘书。

同样是秘书,前者被辞退,后者被提升,是什么原因?很明显,是态度问题。前者作为秘书竟然一周都不清理邮箱,这是什么工作态度?这样的工作态度,谁当老板都受不了。后者则相反,不管工作是否理想,她都能认真对待,对自己分内的工作是如此,对分外的工作也能注意到细枝末节,为企业挽回了一大笔的损失。正是这种责任心,这种对工作的认真态度,才决定了她能站在一定的高度,走上更高的职位。

具有良好工作态度的人,总是乐于接受,不管他的工作是容易还是艰难;不管是否在自己职责范围内,只要接到指示,必然积极而认真地去完成。具有这种态度的人,大多是把工作当成了事业,把自己当成是老板。为自己做事,为自己工作,谁还会讲条件,谁还会偷懒?再大的工作量也会完成,再困难的问题也会想办法解决。有的人会在接受工作的第一时间提出异议,比如工作太累,强度太大,困难太多,指标太高,能力有限等,总之就是不愿服从安排。其实工作原本没有那么多不可能,只是因为他们没有良好的工作态度,没有去为工作付出的决心,才会有诸多理由。这种人当然是公司里最做不出成绩,最不受老板待见的那一类人。

如何才能培养出良好的工作态度,让自己有所作为呢?

(1)摆正心态,积极进取。

积极进取的工作态度会让人工作主动。在碰到问题时,会积极主动地去想解决的办法,就算自己能力实在不济,也会去寻找他人帮助,直到顺利、按时完成工作任务为止。同时,一个人有积极进取的工作态度,工作之前思想会行动起来,为下一步工作作出理论分析,会在工作中不断地进行自我总结,包括处理事情的过程、思维方式方法,是否需

 立足岗位,岗位是初心和使命的落脚点

要改进。这样的人在下次遇到同样的困难时就有可能会做得更好、花的精力更少。同样一份工作,由于准备充分,态度积极,做起来也就比他人效率更高,结果更好。

(2)时时处处心怀感激。

懂得感恩的人总是在不经意间收获一些意外。感恩既是一种良好的心态,更是一种奉献精神。当你把自己的岗位作为一种获得,以知恩图报的心态去工作时,就会竭尽全力做好手中的工作,并很乐意去做一些其他人觉得是不公平甚至是与自己职责无关的事情。无论什么时候,你都不会去抱怨,更不会对工作敷衍了事,你会认真做好每一个细节,会让上司满意,会让工作达标。你会愉快地帮助他人,也乐于接受他人的帮助。感恩是一种深刻的心灵感受,是一种良好的生活习惯,它能够增强个人在群体中的魅力。失去感激之情,人们会陷入一种糟糕的境地,对许多客观存在的现象日益挑剔和不满。时时处处心怀感激能让我们远离坏情绪,对工作永远处于主动状态,而不是机械地听从安排。

(3)不忘初心,忠于职守。

一个人的责任感强弱与他的工作态度有着紧密的联系。有强烈责任感的人对工作尽心尽力,而没有责任感的人会马马虎虎,得过且过。责任感是我们战胜工作中诸多困难的强大精神力量,使我们有勇气排除万难,竭尽全力去解决工作中的困难和问题。失去责任感,即使是做我们最擅长的工作,也会做得一塌糊涂。尽管只是一名普通的员工,处在最平凡的岗位上,我们也要有强烈的责任感,也要相信自己的工作对于企业来说是很重要的。职位有高低,工作却无轻重,每份工作每个岗位都有它存在的意义和作用,都马虎不得,做好本职工作,就是为企业分忧,就是对自己负责。连本职工作都做不好的人,喊再多口号都是空话、假话,都是不切实际的。

(4) 不怕吃亏。

吃亏一说来自于一些自私自利的人。其实世界上的事情从来都是双面的。表面上看起来确实吃了亏，但也许过后得到的远远比当时失去的要多。一些人总是在吃亏，是因为他们只看得到眼前，只能看到事情的表面。比如工作中你比别人做得多一些，却拿着与别人一样的薪水，看起来确实是吃了亏，但是在多做这些工作的过程中，你学到了更多的知识，拥有了比别人更多的经验，这些价值远远超过薪水的价值，那么，你是亏了还是赚了？所以在工作上任何时候都不要怕吃亏，多做是上司给你机会，辛苦是煅炼你的意志，等到时机成熟，失去的都会加倍赚回来。

有人曾总结，在职场做事要高调，做人则要低调，这才是成功之道。其实这说的也是一种态度。高调做事，不讲条件，不论难易，这就是最好的工作态度，是最容易取得真经的人才有的态度。

3. 保持激情，以最好的状态去工作

激情是一种精神气质，激情来自于自身的潜质，是我们自身品质、精神状态和对事物认知程度的一种表现。无论面对什么事情，当我们拥有激情时，就会干劲十足，信心百倍，不知疲倦，并且不畏困难。任何企业都希望员工对工作抱有积极、热情、认真的态度。这样的员工才是企业进步的根本。保持高昂的激情是一个人努力工作、提高工作效率、

 立足岗位,岗位是初心和使命的落脚点

追求卓越的动力所在,一旦缺乏激情,做事情、干工作往往容易失去信心,半途而废,最终一事无成。有激情的员工能够带动别人的情绪,使事情向良好的方向发展。工作饱含激情的人,永远都是企业最为欣赏的人。工作中大部分人都是有激情的。尤其是在初入职场的时候,对工作充满新鲜感和对工作出现问题并得到解决的征服感让一些人激情高昂,对工作信心十足,认真且毫无怨言。但是随着时间推移,自己从事的工作内容总是差不多,而解决问题的方法也大同小异,于是好奇与新鲜感逐渐消退,他们觉得自己像个机器人,每天重复着单调的动作,处理着枯燥的事物。他们每天想的不是怎样提高工作效率、提升业绩,而是盼望着能早点下班,期望着上司不要把困难的工作分配给自己。每当工作中出现不顺心的事,他们就会"鼓励"自己换个工作环境,然而每一次跳槽的结果都不尽如人意。工作的激情日渐被磨灭,对自己要求也逐渐降低,以至于失去了积极工作的动力,随波逐流,最后一事无成。没有人在职场能够一帆风顺地走下去,工作也没有你想象的那么多新鲜感,大多数的事情都是平淡而繁琐的,如果不保持对工作的激情,你就会失去对工作的热爱,就会做不出成绩,甚至厌烦你的工作。

"每天早晨醒来,一想到所从事的工作和所开发的技术将会给人类生活带来的巨大影响和变化,我就会无比兴奋和激动。"这是比尔·盖茨的原话。这句话始终激励着职场上向往成功的人。要想工作有成就,就要让自己对工作保持激情,激情是不断鞭策和激励我们向前奋进的动力,对工作充满高度的激情,可以使我们不畏惧现实中所遇到的重重困难和阻碍。工作中我们得到最宝贵的东西不是金钱、地位也不是名誉,而是由激情带来的精神上的满足。有人把激情比作是工作的灵魂,失魂落魄的工作状态永远不可能有好的结果。没有了激情,工作就成了勉强完成的任务;没有了激情,工作就是为了生存而不得不去做事情;没有了激情,再简单的工作也会困难重重;没有了激情,再美好的工作都没

有乐趣。不难想象没有工作激情的人对待工作的态度,也不难理解没有了工作激情后他们的懒散与灰心,更不用奇怪为什么他们工作多年却没有成绩。

只有在热爱工作,对工作始终保持激情的状态下,才能把工作做到最好。把所有的心思都花在工作上,全心全意地付出,工作自然出色。有了成绩,信心增加了,动力也就随之而来。但是激情是要用心保鲜的,不然它会消退,而保持激情是需要自身不懈努力的。它是一种思想境界,是一种精神追求,需要人潜心追寻、认真探索。一个人对一件事情、一份工作有激情很容易,但长期保持激情就不容易了。因为工作总是辛苦而繁琐且耗时耗力的。怎样才能保持对工作的激情不消退呢?

(1) 把目标分为长期与短期。

很多人从一开始的热情高涨到最后的半途而废,并不是工作中真正遇到了大的难关,也不是遇到完全不可能完成的任务,而是在长期工作过程中,因为目标太遥远而看不到希望,自己失去了信心。这是被时间打败,被距离打败。曾经有个日本的运动员在马拉松长跑赛中多次赢得比赛,其方法就是将长跑距离划分成无数段,然后一段一段地去完成目标,最后赢得了比赛的胜利。同样的,在工作中,我们也不要把自己的目标定得太高远,长期目标在短时间内不会实现,我们不妨在长远的目标下分设一些小目标,比如一周内实现某一个目标,一个月内去完成一个任务,这样既能满足自己的成就感,又会朝着长期的目标而努力,激情也就不会消退。等到小目标逐一实现,大目标也就近在咫尺了。

(2) 树立正确的价值观。

价值观是对客观事物有无价值和价值大小的根本观点和评价标准。有什么样的价值取向,就会有什么样的行为。当我们把工作视为人生最重要的事业时,我们价值观的取向就不会停留在短期的物质回报上,不会把工作当成是谋生的必要手段,而是实现自我价值与理想的平台与机

 **立足岗位，岗位是初心和使命的落脚点**

会，这样我们就会珍惜它，热爱它。热爱工作，我们就会全身心地投入其中，就会无怨无悔地付出劳动，就会信心十足地坚守到底。理想目标是一个人努力的方向，没有理想，人们就会失去工作的方向。为了理想去打拼，为了目标去奋斗，我们才能有一种热血沸腾的感觉，只有这样，工作的激情才能迸发出来。

（3）寻找工作中的乐趣。

工作有没有趣其实也是看一个人的心态的。心态好的人总是对工作充满热情，而心态不好的人看什么都不顺眼，做什么工作都觉得辛苦而无味。我们不否认有些工作做起来确实单调了些，但是只要我们愿意，总是能找到其中的乐趣。比如你是办公室收发员，这份工作实在是有些单调，但当你把一份很重要的快递送到同事手中的时候，看到他如获至宝的表情和开心的笑容，你是不是也很开心？这就是乐趣，就是工作的价值。每一份工作都有它独特的地方，每一份工作都足以让我们找到快乐，就看你愿不愿意去找。许多人总是在频繁地更换工作，原因就是没找到适合自己的工作。这其实并不是工作的错，而是你并没有用心去对待自己的工作，不用心当然不知其中趣点。

（4）在工作和生活中找到平衡点。

很多时候我们都很委屈地觉得因为工作耽误了大把的照顾家人的时间，有时甚至是为了工作而失去了家庭的温暖，失去了家人的理解与支持。生活与工作并不是对立的，之所以倾斜，是因为没有找到平衡的支点。当你在工作中小有成就的时候，别忘了一定要和家人分享你的快乐。不过如果工作遇到挫折，一定不要把坏情绪带回家。家是我们最温暖的去处，工作的同时，关心家人同样是重要的事情。家人是我们坚强的后盾，获得支持，我们如虎添翼；失去他们，我们努力无果。找到一个平衡点，让工作家庭两不误才是最好的生活方式。

爱默生说："有史以来，没有任何一项伟大的事业不是因为热忱而成功的。"没有激情,就没有动力;没有动力,工作就不会出成绩。保持工作激情,就要明白工作的目的。我们是为何而工作。为金钱、地位、名誉还是理想和自我价值?为了薪水而工作的人是被动的,他们不仅没有热情,相反会有很多坏情绪夹杂在工作中;如果是为了展示自我价值,被他人需要和被社会认可而工作,在工作中就会充满激情。一个人最好的工作状态就是激情满怀,信心十足。在这种状态下工作,不仅效率高,效果也很显著。

4. 精益求精,磨砺高超的工作技能

在2016年的政府工作报告中,李克强总理说"要鼓励企业开展个性化定制、柔性化生产,培育精益求精的工匠精神"。何为工匠精神?工匠精神,是指工匠对自己的产品精雕细琢,精益求精,追求更完美的精神理念。工匠们喜欢不断雕琢自己的产品,不断改善自己的工艺,享受着产品在双手中升华的过程。工匠精神的目标是打造本行业最优质的产品,打造其他同行无法匹敌的卓越产品。概括起来,工匠精神就是追求卓越的创造精神、精益求精的品质精神、用户至上的服务精神。如果每个职工都具有了工匠精神,都能在本职业中打造出同行无法匹配的卓越产品,那么企业将会日渐辉煌。

春日午后,浙江奥达通汽车销售有限公司的钣喷车间内,

 立足岗位，岗位是初心和使命的落脚点

陈郁涛又换上白色工作服，拿起得心应手的工具，先查看车辆外表的损伤程度，然后一点点地将损伤修复，刮腻子、打磨、调色、上漆，直至漆面修复如新……

眼前这位不善言辞的钣喷工，正是今年被评出的百名"浙江工匠"之一。熟悉他的人，都称他是个"细节控"：漆面上再小的气孔，油膜厚度的微毫之差，他都能察觉到；肉眼无法辨别的凹凸面，他用手一摸便知。凭借一身"绝活"，陈郁涛曾多次获得省市相关技能比赛冠军，还担任过世界技能大赛中国集训队的教练。23年前，刚刚成为喷漆学徒的陈郁涛，要做的就是一天到晚打磨腻子的活：撞坏的漆面经钣金后，用腻子将表面填平，再用砂纸打磨均匀。"打磨时，需将砂纸对折，用手指压紧，保证不留任何死角，时间一长，手指皮磨破也成了常有的事。"陈郁涛说，钣金喷漆在整个汽修环节中算不上是好差事，脏、累、苦不说，还要长期忍受飞尘、漆味。重重考验面前，陈郁涛这个农村娃，吃得了苦，沉得下心，将打磨这道工序做到了极致。他日复一日地"磨"，每当看到师傅们喷涂着五颜六色的漆时，陈郁涛都会"心痒痒"，希望能上手一试。他抓住一切机会，给师傅打下手，上班时边看边学、勤学勤问，下班后则留在车间反复琢磨，做试验。手上有活，肚里有货，仅3年时间陈郁涛便成了车间里带徒弟的师傅。

"喷漆的工艺标准，在我心中没有最好，只有更好。"握着手中的喷枪，陈郁涛告诉记者，为了做到更好，陈郁涛一直在打磨着自己的技艺：考虑到补漆修复色会受气压、枪距、色母批次等因素影响，不能与原色完全吻合，他利用渐变减缓视觉差的原理，改传统的扇形喷涂为锯齿形交错式喷涂，使得修

复色与原车色最大程度接近；针对不超过A4纸大小的车漆修复面，他率先推广小钣喷快修工艺。原来1至5片小损伤的车辆至少2天才能修复交车，如今通过选用免磨中涂底漆做材料等手段，交车时间缩短到了3至6小时。车间提高了效率，每年还为公司增创效益上百万元。钣金喷漆有九道大工序、几十道小工序，人们往往只能看到其表面工艺，但如果存在腻子过厚，涂漆不到位等纰漏，终究还是会露出马脚。23年来，经陈郁涛维修过的车已有上万辆，没有一辆因偷工减料或减少工序出现质量问题而被返修。

如今，陈郁涛已是公司钣喷技术总监。用他自己的话说，虽然体力上轻松了许多，但是肩上的担子更重了。这位"钣喷状元"正在"打磨"自己的全新事业：带好钣喷车间里的17名徒弟，教好行业内的新人和学生。

这就是真正具有匠人精神的员工，把一项工作做到极致，做成工艺，做到无可替代。工匠精神可以概括为四个方面：精益求精、持之以恒、爱岗敬业、守正创新。精益求精是工匠精神最为称赞之处，具备工匠精神的人，对工作有着不懈的追求，他们能以严谨的态度、规范的行为来对待每一个细节。工作要想做到精益求精就必须要掌握扎实的专业知识，专业知识是做好专业技能的前提和基础。相关知识学得不透，一知半解，知其然而不知其所以然，不了解关键精髓所在，技术就不会有长进，技能也就达不到被要求的高度。有了专业知识做基础，操作技能才能在工作中灵活运用，不断深入改进，从而获得提高。当然要想追求岗位技能精益求精，光靠书本知识是远远不够的，它是一个长期的专心致志的训练过程。需要我们把工作岗位当成是学习课堂，用学习的态度来花精力、花心思、花时间去练习，去熟悉，去认知，去提高。现代企

 **立足岗位，岗位是初心和使命的落脚点**

业的价值是靠专业服务创造出来的，而特定的专业服务离不开这个特定领域里的高专业技能人才。掌握最精湛专业技能的员工肯定具备超越一般员工的个人素质和职业素质，肯定会成为企业的骨干和核心。所以，想具有独特的一面，就一定要有"精业"精神，对岗位工作技能精益求精。

高超的专业技能与扎实的专业知识是分不开的，无论是理论知识还是操作知识都要有深厚的功底。如果只学到一些皮毛，掌握得半透不透，是做不好工作的，更谈不上精益求精。书本知识是笼统而死板的，只有把书本知识与实际动手能力相结合，以学习的态度对待岗位工作，肯用时间、肯用精力、肯花心思、虚心求教、勤于思考、善于总结，主动地在实际工作中积累经验，学会方法，练就娴熟的岗位技能、灵活掌握、灵活运用并且融会贯通，才能让自己练就高超的本领。

工匠精神，其实大家都知道，但就是做不到。这是一个很现实的问题。工匠虽然身居一线，做的却是最辛苦最脏也是最累的工作，但是他们并没有因为自己的工作普通就不努力，也并没有因为自己的工作平凡就自暴自弃。他们认定了自己的岗位就是自己一生的事业，所以他们干一行就爱一行、爱一行就专一行，始终把自己手上的零件当成是整个工序最重要的一环；他们从不放过任何一个细节，也从不马虎一个动作。对于工作，他们追求的不是金钱也不是利益，而是完美，是精益求精。在他们心里，把本职工作做好，把同行业的最高水平表现出来，奉献给企业和社会，就是他们最大的成功。为了这个目标，他们愿意一生努力。都说职场是没有硝烟的战场，竞争无处不在，稍微大意一些，你就会被后来者取代。我们唯一能做的，就是在自己的岗位上发扬匠人精神，精益求精，掌握本岗位最高超的操作技能，在平凡的工作中做出不平凡的业绩。

立足岗位
干好本职工作

5. 从点滴做起,从工作中的小事做起

　　一个人是否能够取得成功,并不是看他志怀多高远,也不是看他口头说得有多可信,而是看他做事的态度。一个甘于做小事且能把小事做好的人,才能成就大事。爱尔兰作家巴克莱说过:"幸福有三个不可或缺的因素,一是有希望,二是有事做,三是有人爱。"其中有事做就是指自己的工作。一个人生活过得是不是幸福,就看他工作是不是顺利。工作顺利的人往往都是很努力,愿意付出的人,也是容易成就事业的人。这些人都有一个共同的特点,那就是甘愿从小事做起。很多人都瞧不起小事,自认为是做大事的人,那些不起眼的小事只有胸无大志的人才会去做。往往是这种想法毁掉了一个人的前途。古语说"一屋不扫,何以扫天下"。连小事都不愿做的人,如何能承担大事?

　　世界上并没有多少大事等着你去做,大多数人都是围绕小事在转。很多小事,一个人能做,另外一个人也能做,但是做出来的结果并不一样。为什么?能把小事做好的人,看重的往往是别人容易忽略的细节,而许多事情的失败都是因为细节不到位而导致的。不把小事当回事的人,对工作缺乏认真的态度,对事情总是敷衍了事。这种人视工作为苦役,他们从来都是等待上司来为自己分配任务,从来都是拿回报来衡量自己付出的价值的。这种人在团队中不受欢迎,在工作中不受领导重视,在结果中无所作为。从点滴中我们能看出一个人能否成就大事。那

 **第二章** 立足岗位，岗位是初心和使命的落脚点

些成功的人总是严格要求自己，把小事做好，做到极致。

王长田，1965年4月出生于辽宁大连，1988年毕业于上海复旦大学新闻系，1998年10月创立北京光线电视策划研究中心，后更名为光线传媒，先后创办《中国娱乐报道》《音乐风云榜》《影视风云榜》等品牌电视节目。旗下光线影业累积票房超过6亿元，成为国内排名前三位的民营电影公司。2014年11月27日，出席游族影业成立暨2015产品发布会。

王长田创业前，账户上有10万元，他觉得这是一笔巨款，就邀请四位朋友一起，成立了一家电视策划公司。五位合伙人都有新闻背景，又懂得电视运营，还有启动资金，万事俱备，东风也不缺，王长田觉得，钱生钱的好日子就要来了。

可是经历几次投标失败后，四位合伙人相继离开公司，只剩下王长田一个人苦撑着。那时候，除了湖南卫视，几乎没有别的电视台涉足娱乐类节目。王长田决定做一档娱乐节目填补空白。他私下问电视台的一位领导，要多少钱才能撑起一档节目。对方告诉他："三五千万元吧，至少一千万元。"王长田倒吸一口凉气后回到办公室。

开公司前那些因为兴奋而睡不着的夜晚，王长田早已构思好无数个创业点子，但如今，10万元的资本使得他连一个创业项目都操作不起来。先后离开的合伙人来劝导他，王长田回答："创业路上，最容易的事情就是放弃。"王长田这句话是说给自己听的。

王长田决定从小明星开始做起。通常他们不需要出场费，包餐盒饭就可以。三月份开拍，四月份做样带，五月召开媒体看片会，六月份开始发行。业内人士都好奇，他是神还是人？

立足岗位
干好本职工作

难道他不用睡觉吗？

王长田的工作是这样的：清晨六点起床，先到附近的朝阳公园跑上一圈，然后带上热气腾腾的早点到办公室，逐一放到同事桌上，还不忘给他们每人泡上一杯咖啡。这时候，大家差不多也都来了。中午，王长田又给他们买好盒饭，每人另加一份酸奶或者水果。晚上别人都走了，王长田还在办公室加班，一直加到凌晨一两点钟，临走还要打扫办公室，把每个人桌子上未喝完的咖啡倒掉，把杯子冲洗干净。那会儿，有个辞职的员工跟王长田说："你整天整得像农民一样，给别人端茶买早点，自己搬桶装水，你这种人不可能搞好公司，不可能有前途。"当然也有人留下来，他们觉得婆婆妈妈的王长田其实很能干。三月份开拍，六月份就开始发行，别的电视台一年干的活，他三四个月就整出来，这就是能耐。

结果，王长田一家家找电视台谈，即使有电视台愿意花钱购买，一期节目最高也不过上千元，而当时每期的制作成本都要上万元。为了发工资，王长田就狠心把它卖了。王长田想，一千万元的事情自己十万元干成了，成本降低了，售价也理应打折，总之，从某种意义来说，还是赚了。

王长田熬过最艰难的第一年，第二年，签约电视台增加到60家，广告也实现零的突破，开始有客户出钱买下节目冠名权。王长田不会摄影、不会化妆，更不会做主持，做销售也不如手下员工。王长田似乎可以闲下来，看看报纸喝喝茶。但是王长田还是给员工端茶递水，买早点送盒饭，有员工编辑片子到深夜，王开田还亲自上阵给大家煲汤，操持夜宵。有同事来自广州，喜欢喝加了药材的靓汤，也有的人喜欢喝甜品汤。最多一个晚上，王长田变着花样做出四五种不同类型的汤，为了

立足岗位，岗位是初心和使命的落脚点

提高煲汤的技艺，他还专门找酒店的厨师学艺。

大家觉得奇怪，王长田这些行为，实在不是老板该做的。王长田的一个小本本上面详细写着，谁喜欢吃炸酱面，谁喜欢喝不加糖的咖啡，谁喜欢麻辣味的午餐，谁一顿能喝掉三碗排骨汤……下面有一行小字这么写着：如果我会摄影、会化妆、会主持，那么我就能干很多件事，但是我都不会，所以我要干好我所能干好的每一件小事。

王长田凭着"即使大事干不了，也要把每件小事都做好"的劲头，不到八年工夫，就将光线传媒打造成中国最大的电视节目制作和发行商。

"即使干不了大事，也要把每件小事做好"，这才是会做事、会工作的人。这才是不忘初心，努力为自己的人生作规划的人。正是有了这种甘于平凡，甘于为小事所累的精神，才会有最终的成功。

六岁时被父亲送进戏剧学校，当别的孩子还在大人怀里撒娇时，他每天得起早贪黑地吊嗓子、练功，师傅管教很严，表现不好就得受罚。他平生演的第一场戏是一个"死人"的角色，也就是躺在地上装死。上台之后，导演对他的表演很不满意，几次纠正几次重来之后，导演破口大骂。孩子很沮丧，自己居然连"死人"这样的配角也演不好。师傅告诫他，在台上，没有主角和配角之分，主角和配角一样重要。后来，孩子开始细心地琢磨、一遍又一遍地练习吸气和闭气，终于成为舞台上"死"得最好的人。孩子长大后，梦想当武打明星，但他只是一个微不足道的后勤人员。为了吸引剧团里一位武术指导的注意，他天天提前站在武术指导必经之地，终于有一天，武术指导发现了他，停下来和孩子打了一个招呼，并让孩子坐

> 立足岗位
> 干好本职工作

上自己的车。到了拍摄现场，孩子为武术指导擦车，擦的特别认真，连缝隙中的污垢都用牙签挑干净。武术指导开始关注起这个孩子，孩子很快成为武术指导身边的"红人"。这个孩子后来成为中国家喻户晓的明星，成龙。

如果一味地追求过于高远的目标，丧失了眼前可以成功的机会，那么就会成为高远目标的牺牲品。最没出息的往往是那些自以为聪明，眼高手低，找工作高不成低不就的人。我们身边总有那么一群人，看似很傻，老实木讷，工作上从不提要求，仿佛一切都任人安排，但也就是这群人，总是在不经意间超越了你，做出了不同凡响的成绩。原因就是他们从来不谈什么高远的理想与志向，他们着手于身边的小事，把小事当成大事来认真对待，不马虎，不敷衍，没怨言。日复一日重复着单调的事情，却在这些单调中做出了与众不同的成绩。这就是他们成功的秘诀。从"小"开始，并非胸无大志。世界上不少轰轰烈烈的大事情，都是从有些人不屑一顾的小事开始的。没有任何一件事情，小到可以被抛弃；没有任何一个细节，细到应该被忽略。细节和小事往往能反映出你的专业水准和工作态度。天下难事，必做于易；天下大事，必做于细。小事的成功看似偶然，实则孕育着必然。每一件事都值得我们去做，即使是最普通的事，也不应该敷衍应付或轻视懈怠，如果我们能在小事情当中理出清晰的脉络，挖出其中闪光的地方，把它做得有声有色，那成功也只是时间问题。

【第三章】

用初心引领行动,培养良好工作习惯

事业的成功大多来自于良好的工作习惯。不忘初心,就是要把工作使命当成终生追求的目标,并且将这种执念化为具体的行动,用行动去完成初心的追求。这就需要我们培养良好的工作习惯,使行动更为高效。

立足岗位
干好本职工作

1. 拒绝浮躁,好高骛远做不好工作

踏入职场,我们每个人都有一个事业梦,每个人都期待有走上成功之路的那一天。但是成功并不是像我们想象得那么简单,它总是和风雨、困难、阻碍、挫折联系在一起。万丈高楼屹立不倒,靠的是牢固的地基,参天大树不惧风雨,因为它根基深厚,凡要建功立业者首先要做的都是充实自己。有了本领,有了实力,有了脚踏实地的工作态度,才能一步步迈向成功。如今的职场存在一种怪现象,那就是失业与用工荒并存。为什么会有这种情况?有人解释说"伪学者、伪专家过多。"意思是大部分所谓的高材生真正会的并不多,他们可能会写洋洋洒洒几万字关于企业发展方向的论述,也可能在谈论理想时口若悬河,却不会做一篇完整的项目分析计划,甚至连整理文件都做得马马虎虎,不尽人意。他们从来不承认自己的能力有限,也不相信会有人比他们更强,他们靠着硬邦邦的盖着大红印章的高校毕业证书游走于各大企业,可是真正被录用或重用的人却少之又少。这种现象的根源就在于四个字:好高骛远。他们身上总是有些官气,一出口便是些掌控全局,指挥四方的大调调,至于那些小事情,轮不到他们这些高人来做,自己只能做大事,动动口是可以的,做小事,那是大材小用了。可偏偏遇到一些不会安排的领导,非要见识自己的动手能力,于是不得不趁早逃走。这是浮躁害了这些原本想做大事的人。浮躁常常表现为心浮气躁,焦虑不安,患得

 第三章 用初心引领行动，培养良好工作习惯

患失，这山望着那山高，静不下心，耐不得寂寞，稍不如意就轻易放弃，从来不肯为一件事倾尽全力等。比如上班的时候，明明手中的事情也很重要，明明今天是一定要完成的，可心中就是压不住浮躁，觉得手中的事情没有意义，这样辛苦不值，想一下子放掉所有的事情歇下来。等真正歇下来，又觉得无所事事，还不如去公司加班……其实做人也好，做工也罢，都来不得半点浮躁。只有静下心来踏踏实实做事，才不会被浮躁所左右。针对浮躁而言，"平平淡淡才是真"不失为一句金玉良言。能够影响我们的不是事物本身，而是我们对待事物的态度。如果我们能做到平和沉静，脚踏实地，我们就能戒除浮躁，安心工作。

浮躁是职场大忌，要干得好，首先要沉下心来，尽管现在不如意，但还是要相信困境是暂时的，只要我们一直努力，就一定会有一个好的结果。许多浮躁的人都曾有过梦想，却始终无法实现，最后只剩下牢骚和抱怨。他们把这归因于社会不公，运气不好，缺少机会。一些从学校来到职场的新人，怀着对将来美好的憧憬进到公司，可是看到的却是与自己期望值相差很大的现状，这个时侯大家就会觉得这家公司可能不是我想要的，出去可以找到更好的，于是毫不犹豫地跳到另一个地方。到了另外一家，做着做着又发现好像没什么机会，还要受气，于是在辗转中还是找了下家。等再找到一家的时候，发现自己的同学升职的升职，加薪的加薪，而自己却还在基层苦苦挣扎，于是心理开始不平衡，拼命表现，拼命做业绩，但结果并不理想。于是决定再换一次，心里跟自己说，这是最后一次。就这样跳来跳去，永远没有个安定的职业。这是典型的浮躁症。浮躁是各种心理疾病的根源，是成功、幸福和快乐的绊脚石，是我们人生最大的敌人。无论是工作还是做人，都不可浮躁，如果一个企业浮躁，往往会导致无节制地扩展或盲目发展，最终会没落；如果一个人浮躁，容易变得焦虑不安或急功近利，最终会失去自我。机会对每个人都是公平的，只不过，脚踏实地的耕耘者在平凡的工作中抓住

立足岗位
干好本职工作

了机会，实现了自己的梦想；而好高骛远的人在焦虑的等待机会中，度过了不愉快的一生。

我们说人生不能没有理想。"一个不想当将军的士兵不是一个好士兵"，拿破仑的至理名言激励着无数人为了理想而奋斗终生。有理想固然是值得夸奖的，但理想必须建立在现实的基础上。一个员工希望将他的工作做到最好，把工作做成事业，使自己成为企业家，成为业内最优秀的人，这是理想。如果他希望自己能统领世界，成为世界上独一无二的人才，这便是好高骛远，痴心妄想。好高骛远只能使你眼光空茫、不切实际，从而原地踏步，功败垂成；好高骛远只能使你放弃许多成功的机会，不愿也不屑做艰难而漫长的原始积累。心底深处的浮躁总让你无法安宁，时时感到茫然不知所措，没有幸福感、没有快乐、急于成功、追求完美……浮躁因为好高骛远而更加浮躁，更加不愿意脚踏实地去做一些小事。于是你对工作失望，对生活失望，最终一蹶不振，一事无成。

寻找快乐，走向成熟的方法就是尽快摆脱浮躁，抛开好高骛远的想法，用做大事的心态去踏踏实实做好眼前的每一件小事。很多时候，我们应该静下来，仔细审视自己，自己到底有多大能耐，能做多大事情，然后从头开始。这样我们就能摒弃心中的浮燥，从工作中获得更多的做人道理和经验，从而进一步完善自己。

职场上我们可能都遇到过同样的事情：当上司叫你做某件单调乏味，看起来又没有什么价值的事情的时候，你是不是也曾主动放弃过？当你放弃的时候，是不是有一种身心舒畅的感觉——终于摆脱了这种乏味的工作？可事实上你放弃的，很有可能就是你加薪升职的机会。因为你的浮躁，在老板还没有放弃你的时候，你就已经放弃了自己。所以在别人升职加薪的时候，千万不要有任何不满，机会对于所有的人来说都是一样的，只不过是有的人抓住了，有的人放弃了。抓住了机会的人一

第三章 用初心引领行动，培养良好工作习惯

定是踏踏实实做好每一件事的人，不管这件事是大是小，对自己是否有利，只要是上司吩咐的，他都会认认真真地做到最好，也只有这样的人，才能积累知识，斩获经验，收获成功。好高骛远往往让人忘记了无论多么伟大的事业都必须从小事着手，踏实认真地做好眼前的每一件小事才能成大事的事实。有一句话让很多人慨叹又伤感：心比天高，命比纸薄。这正是那些好高骛远，眼高手低的人的写照。你或许以为自己是鸿鹄，是大鹏，一展翅便能冲上云霄；你或许以为自己是盖世奇才，某一天一定会超过那些世界上最牛的企业家。所以对于那些劝你脚踏实地，要求你做好小事、做好本职工作的人总是不屑一顾，认为他们是不思进取，胸无大志。

1871年的春天，英国蒙特瑞综合医科学校的学生威廉斯勒，对自己人生中的问题感到很困惑。他不明白应该怎么处理远大的理想和具体的身边小事，一个人应该有怎样的做事态度才能成功。他渴望成功，但对手边的小事又觉得没有什么意义。他甚至以为现在的学校生活枯燥乏味，没什么值得去用心的。因而他的成绩也每况愈下。他找他的老师探讨这些困难的人生问题。他的老师推荐他阅读哲学家卡莱里写的一本哲学启蒙读物。老师说，他的书里或许有答案可以帮助你解决问题。

威廉斯勒是一个意志很坚定的青年，他一向不崇拜大人物，更不相信所谓的名人名言，对许多问题一向有自己的独到见解。但既然是老师推荐的，他想或许真的有用，于是拿过书漫不经心地浏览起来。

突然间，书中的一句话让他眼前一亮："最重要的，就是不要去看远方模糊的东西，而是要做手边最具体的事情。"他恍然大悟，是啊，不论多么远大的理想，都需要一步步去实现

啊！不论多么浩大的工程，都需要一砖一瓦垒起来啊！

他想明白了，他的困惑解决了，他终于找到了人生的答案。他知道，那些远大的理想，应该让它们高悬在未来的天空上，最紧要的，是把自己手边的每一件具体的事情做好。

也就是从那一天开始，1871年春天的那个下午，年轻的威廉斯勒开始埋头读书，因为他知道这是他目前最紧要的事情，他要把自己的成绩提高上去。半个学期以后，威廉斯勒就一跃成为了整个学校最优秀的学生。

两年以后，威廉斯勒以全校最优异的成绩毕业。毕业后他来到一家医院做医生，他认真对待每一位患者，对每一次出诊都一丝不苟。兢兢业业的态度和精益求精的精神，使他很快成为当地的名医。

几年以后，他创办了约翰·霍普金斯学院。他把自己的人生态度贯彻到每一个细节里。许多专家学者慕名来到他的学院工作，他的学院很快成为英国乃至世界最知名的医学院。

不要认为自己的好高骛远是上进心，是大志，是有才之人才有的高远。上进心不光有目标，还要有计划地执行并能达到自己的目标；而好高骛远是对眼前的事情不满足，一心空想不切实际的远大目标，却没有行动。好高骛远的人往往习惯指责他人处事能力不强，认为自己是没有机会，要是有，一定比谁都会做得成功。可真正事到眼前时，却迈不开腿，放不开手。要想改变好高骛远的坏习惯，就要正确评价自己，承认自己的不足，并针对那些不足去改正和弥补，同时还要远离浮躁。一旦有了浮躁情绪，工作就难以开展，难以认真完成。在职场上，有不少人踌躇满志，渴望在好的工作岗位上一展自己的才华，因此大多数人都要求工作单位考虑自己的专长，并利用自己的专长来要求薪水与待遇。其实仔细想想，这恰恰是没有自信的表现。为什么除了专长就不能做点别的事情呢？要知道你自己所谓的专长其实并不一定是公司所需要的。只有在机会合适而公司又确实用得着的时候，才会考虑你的专长。也就是说，公司希望的员工是既有专长又有综合实力的人才，想想自己，你有这个能力吗？如果没有，那么，让我们抛弃好高骛远，踏实地做好上司吩咐的每一件小事，在职场上站稳脚跟，才能有更多的发展机会。志存高远，路在脚下。要想实现心中的理想，就要一步一个脚印沿着这条路走下去，还要做好吃苦、受累的准备，因为这条路并不是畅通无阻的。手边的每一件小事才是你理想大厦的砖瓦，好高骛远既耽误你的前程，影响你的心志，又让你饱受凄苦，一生平庸。

2. 抛弃懒惰，勤奋是做好工作的不二法门

清朝钱德苍在《勤懒歌》中提出："百尺竿头立不难，一勤天下无难事。"意思是，只要勤奋，天下就没有难做的事情，即使百尺竿头也能昂然挺立。一个人一生是碌碌无为、虚度韶华还是踏踏实实、拼搏奋斗、有所作为，全都取决于自己，取决于懒惰还是勤奋。懒惰的人不会有高远的理想，不会为了某一个愿望而付出辛苦的劳动。懒惰的人大都是贫穷而弱志的，他们宁愿被人瞧不起，也不愿去努力。富兰克林说："懒惰像生锈一样，比操劳更能消耗身体。"懒惰的终极表现就是一事无成。懒惰，从某种意义上讲就是一种堕落，它就像一种精神腐蚀剂一

立足岗位
干好本职工作

样,慢慢地侵蚀着你。懒惰的人习惯安逸,却又不甘于贫穷,于是一辈子都在抱怨,一辈子都做不好一件事情,当然也就毫无成就可言。人们对懒惰的解释是偷懒,不喜欢费体力或脑力。既不愿费体力也不愿费脑力,那么我们整个身体就都无用处了。

　　一个人的成功是容不得丝毫懒惰的。懒惰是一种让人颓废,失去斗志的毒药,一旦被它浸蚀,后患无穷。古罗马有两座圣殿:一座是勤奋的圣殿;一座是荣誉的殿堂。他们在安排座位时有一个顺序,后面的座位必须经过前面的座位才能到达,寓意只有先通过勤奋,才能到达荣誉的殿堂。任何时代,各个行业,没有人是通过偷懒来获得成功的。那些伟大的成功者,他们之所以比其他人更优秀,一个最直接的原因就是他们比一般人更努力、更勤奋、更精进。在他们的身上,找不到丝毫的懈怠和懒惰的痕迹。懒惰的人对待工作总是拖拉,推诿,今天的事情等到明天,明天的事情放到以后。懒惰的人走到哪里都被人瞧不起,不受欢迎。如果想做一个有作为的或者是受领导重用、有执行力的职场人,就必须远离懒惰,摆脱它的困扰。

　　克服工作中的懒惰就像克服其他的坏习惯一样,不容易,但也没有想象的那么困难。首先我们要在心里承认懒惰的人是什么也干不成的,是无法成功的,没有这样一个坚定的信念,人就会偷懒。只有真正地对懒惰深恶痛绝,才有可能改变懒惰的坏习惯。只要我们坚定信心,相信自己一定能摆脱它,并持之以恒地勤奋工作,懒惰自然会被抛开。

　　甩开懒惰,就要有乐观的心态。任何工作都不可能是一帆风顺的。遇到困难时就想后退,遭遇挫折时就为自己找停止的理由,这就是懒惰在作怪。我们要用乐观的情绪来对待工作中的遭遇与挫折,把困难当成是帮助自己成长的机会,把领导的批评当成是学习的课程,从自身原因找起,承认自己的不足,相信一定是自己不够好才达不到满意的标准,当你一次次从心理上战胜自己的懈怠,就会对工作更加有信心,就可以

用初心引领行动，培养良好工作习惯

找到工作中的乐趣，从而彻底排斥懒惰。

制订短期有效的可行性计划，有助于摆脱懒惰。人的惰性往往是因为看不到成绩，对未来没有足够的信心所造成的。如果我们把长远的计划分解成阶段性的计划，有步骤地一步步完成它，就可以逐步提高自信心。在不断享受成果的过程中更加勤奋，而勤奋会让工作更顺利，从而形成一种良性循环，使懒惰无空可钻。

要抛开懒惰，我们还可以先从小事做起，从容易的事情做起。一些容易做的小事做起来简单而容易成功。虽然没有大的功劳，但至少证明了自己的能力，可以使自己工作得愉快而充实。把小事做好，一边锻炼了能力，一边又积累了经验，同时坚持做小事可以养成做事持之以恒的良好态度。当你全身心都投入工作的时候，你的勤奋会让你面对困难时更有勇气，对目标更有信心。而不是一遇到困难与不满意的结果就牢骚满腹，怨气冲天。坏脾气跟懒惰是好兄弟，一旦有一个来骚扰你，另一个立马就会跟上。及时排除负面影响，保持好心情，把每个细节做到位，你就可以成为勤奋的代表人物，成为职场上最受欢迎的那类人。

随着小米的上市，雷军也迅速成为了当今中国身价最高的"网红"，一位操着浓厚的湖北仙桃口音，自带"背景音乐"的总裁形象深深烙印在每个国人心里。这两天雷军总算是松了一口气，小米上市的第一天跌破发行价，第二天又大涨了10%。在上市前夕，雷军在致公司全员的公开信里说到：相信世界会默默奖赏勤奋厚道的人。经过八年的奋斗，小米今日正式在香港主板上市。小米IPO（首次公开募股）发行价17元港币，估值543亿美元，已经跻身有史以来全球科技股前三大IPO。

雷军在致辞中表示，最近正是中美贸易战、全球资本市场

风云变幻的时候,感谢十多万投资者在此刻用真金白银的投入表达了对小米的认可和支持,包括李嘉诚、马云和马化腾等。尽管大势不好,但好公司依然会脱颖而出。雷军还感谢港交所和香港证监会,称小米是互联网公司,从第一天就设置了同股不同权的制度。"如果没有香港资本市场的创新,小米很难有机会在香港挂牌上市。相信香港会迎来更多优质的互联网公司。"

他说小米上市是对小米奖赏的一部分。但这一切只是刚刚开始,上市从来不是小米的目标。"我们奋斗不是为了上市,我们上市是为了更好地奋斗。成功上市只是小米故事中的第一章的总结,第二章更加华丽绚烂。"

作为成功人士,雷军不算是传奇人物,因为他没有经历过传奇的事情,他今天的成就,都是一步一个脚印踏出来的,靠的就是两个字——勤奋。早在金山的时候就有人说,将来雷军的死法只有一个,那就是被累死。雷军刚加入金山的时候没有成家也没有女朋友,所以除了必要的吃饭和睡觉,他几乎所有的时间都是在编程序写代码。后来进入管理层之后,雷军给自己的要求是"6×24 小时"工作制,其实,仅有的一天休息时间雷军也是在工作。而成为金山的首席执行官之后,雷军的工作时间甚至变成了 5+2 和白+黑。科学研究表明,一个人的能量大小取决于内心信念坚定的程度,雷军不知疲倦就是因为在他的心中有明确的目标,有坚定的信念,那就是一定要把金山打造成一家伟大的公司。很多人工作感到累的原因,就是因为身体的能量在泄露,而泄露的原因就是他们没有梦想,对自己所做的工作不感兴趣,工作无非是在应付,对公司更没有任何的感情。无论是国家的事情还是公司的事情都比不上他们自己

用初心引领行动，培养良好工作习惯

那点鸡毛蒜皮、陈芝麻烂谷子的事情。他们整天为那些无足轻重的事情焦头烂额。

正如雷军自己所言，上天会默默奖赏那些勤奋厚道的人。勤劳不光是中华民族的传统美德，也是一个人在职场上成功的不二法门。有调查显示，一个人的成功，起根本性和决定性作用的是勤奋，而不是天分。技能层面的差异不是永恒不变的，它不是由与生俱来的才能所决定的。专家和普通人的差异就在于专家比普通人更加勤奋，付出的心血更多。亚历山大·汉密尔顿说："有时候人们觉得我的成功是因为天赋，但据我所知，所谓的天赋不过就是努力工作而已。"天才出于勤奋强调的并不是具备很高天赋和能力的人才能取得成功，即使一个智商普通的人，只要他认真锻炼自己的能力，始终坚持自己的理想，不断付出艰辛的劳动，同样可以取得成功。勤奋就能发现工作中的乐趣，懒惰只能怨恨工作的繁杂与辛苦。勤奋虽然要付出劳动，但收获的会远远超过付出的价值。懒惰可以什么事都不做，却也终会贫穷一生，无论是精神还是物质。一个人一生的命运与其是否勤奋紧密相关。勤奋的人能把自己的才能与潜能完完全全地发挥出来，从而实现自我价值。而懒惰的人除了观望和羡慕他人的成绩外，终将一无所获。有的人甚至因为工作效率低下、工作态度懒散而失去了谋生之本。

"明日复明日，明日何其多，我生待明日，万事成蹉跎。"勤劳与丰收挂钩，懒惰与贫穷相连。付出多少，就有多少回报。不管我们的岗位在哪儿，都要相信，勤奋才是成功的唯一路径，任何等待与懒惰都不会有半点成绩。理想能不能实现，人生能不能有所作为，答案就在勤奋与懒惰之间，只看你如何选择。

立足岗位
干好本职工作

3. 绝不懈怠，时刻绷紧工作的弦

懈怠的意思是松懈、懒散。就职场而言，懈怠是常见的一种现象。有的人工作上稍有成绩就沾沾自喜，认为自己在同行中已经有了强于他人的资本，于是开始在工作中懈怠，不努力工作，不思上进。还有的人从来没有成绩，也会懈怠。因为看不到希望而越来越不自信，越是不自信也就越不愿意去努力，于是形成恶性循环。不管什么原因的懈怠，都是心理原因造成的。懈怠是一种顽疾，工作中一旦有了懈怠情绪，便会拒绝新事物，抵触学习，厌恶压力，毫无激情可言。这种人不敢承担责任，也不愿真心为工作付出，成天都是萎靡不振、漫不经心的状态。这类人终会被职场抛弃，被动出局。想成就一番事业，在工作中做出成绩，在人生中实现自己梦想的人，是从来都不会懈怠的。他们会时刻绷紧工作的弦，把每件小事都做到尽善尽美。他们有一种积极进取的精神，而这种精神始终鼓励着他们不断前进，最后走向成功。

人民网曾发表"生命之托，岂能懈怠"（时代先锋）——记武警总医院原心血管外科主任王奇的文章，记录了一名爱岗敬业，从不懈怠的王奇医生的感人事迹。

"明天把需要我来做的手术停了吧！"这是武警总医院心血管外科主任、主任医师王奇留给这个世界的最后一句话。

第三章 用初心引领行动，培养良好工作习惯

2013年11月17日晚，王奇因连续五天实施手术，过度劳累出现头痛症状，完成手术后晕倒在家门口。从昏迷中醒来时，他预感自己情况不好，嘱托赶来的同事停了他第二天所有手术。2013年12月1日清晨，王奇因脑出血抢救无效去世，带着眷恋和遗憾，永远地离开了他所热爱的医疗事业，离开了他倾注全部心血一手创建的心外科，年仅49岁。

在王奇的办公室抽屉里，记者看到了一个火柴盒、一只持针器、一个握力器。他的同事说，心血管外科手术强调巧、稳、准、轻、快，对技术要求很高。王奇为了运用持针器夹住肉眼几乎看不清楚的小针时手不发抖，一直备着这三样道具，没事儿就把手伸进抽屉做"针线活"。"医生一把刀，病人一条命，手术室里只有直播，没有彩排！"从医26年来，王奇始终把"名医名家名刀"作为自己的追求，苦练医学技术，勇攀医学高峰。

2004年10月，武警部队心脏病研究所在武警总医院挂牌成立，王奇作为引进人才，担任该科学科带头人。当时的心血管外科只有一名医生、一名技师、一台用了15年的体外循环机，没有监护室，一年只能做13台手术，多数还需外请专家。科室筹建初期，从监护室的布局、仪器购置，到人员培训、充实力量，王奇都亲力亲为。他带队四下山西、七上内蒙古、三赴沂蒙，走村串户为贫困老百姓义诊筛查先心病，一步步扩大病源，精心做好每台手术，向打造品牌学科发起了冲锋。

12岁的患者琳琳，患有罕见的先天性心脏病——共同动脉干，手术风险高、难度大。为了保证手术成功，王奇详细查看病人资料，精心制订手术方案。术前的充分准备，让整个手术过程非常顺利。但术后早期，琳琳一度出现了严重肾功能不

全、无尿的情况，处于极度危险之中。王奇坚持24小时陪伴在患者身旁，密切观察心肾功能变化。经过7天7夜抢救，琳琳转危为安，又一个生命经他的手得到了延续。

3岁的维吾尔族小姑娘凯迪尔耶，因为心脏病的缘故导致前胸变形，一层薄薄的皮肤下，都能看见那颗小小的心脏在跳动。王奇反复研究病情后，大胆采用外科修补术，仅用不到25分钟，就用涤纶补片修补好缺损处，小女孩第二天就从重症监护病房回到了普通病房，获得了新生。

由于家境贫困、病情复杂等各种原因投医无门，几乎失去希望的病人有很多，但王奇都承受着巨大的压力，义无反顾地给予救治。"没事，你来吧！"是王奇对患者说得最多的一句话。短短9年时间，王奇带领科室人员努力提高诊治先天性心脏病、大血管疾病等疑难危重病的技术水平，将手术并发症及死亡率降到了百分之一以内，完成了10公斤以下小儿外循环心脏手术300余例，开展的不停跳心脏手术技术、超滤技术达到国内领先水平。他先后带领团队完成心脏手术3643例，居北京地区综合医院前列，科室被评为全国扶残助残先进集体。

王奇曾对妻子说："我每天面对一群心脏病患者，有嗷嗷待哺的孩子，有年逾古稀的老人；有身家过亿的老板，也有贫困如洗的穷人，尽管他们情况差异巨大，但只要他们选择了我，就是把生命交给了我，我就要尽心尽力为他们服务好。"为了不让患者等待，王奇如果不出差，从周一到周五，每天都有2至3台手术。不能吃、不能喝、不能上厕所，在手术室从早忙到晚。他将自己的电话号码毫不犹豫地公开，挂在每一位患者的床头，以便患者随时可以找到他。他到武警总医院9年，从未休过一个完整的节假日，连续几年生日都是穿着手术

第三章 用初心引领行动，培养良好工作习惯

衣在工作岗位上度过。几百元的止血海绵和上千元的止血胶棒虽然用起来省时省力，但为了给贫困患者省钱，王奇都是依靠精湛的技术止血；心脏瓣膜病患，能修复就绝不让病人换掉；很多的患者来手术时路费都是借来的，甚至卖掉家中的牛，王奇不仅发动科室的医护人员为这样的患者捐钱，帮患者搬行李，还叮嘱科里的医生，吃饭回来带馒头热好包好送给他们。

长期站立以及超负荷工作，使得王奇膝盖积水严重，患上了高血压。膝盖积水疼痛难忍，他就靠墙坐着喘口气；做手术时高血压头痛，他就让护士使劲揪揪他的头发，然后接着做。前些年，科里一位医生为患者开出了超标的抗生素，王奇发现后，当即自己掏了300多元钱将药买了下来，并挂在医生办公室里作为警示。王奇手里曾经接过的是患者送来的569面火红的锦旗，但从来没有收过一个红包。

解放军总医院心内科专家李玉峰是王奇的大学同学、好友。他至今还记得王奇在大学时曾写过一份宣言《献给未来》："回想一生，不管在事业追求的征途上遇到多少辛酸和委屈，也许成绩大小有别，但一定要说：我们能对得起培养我们的母校和老师，没有虚度年华，历史和社会承认了我们。"回望26年的从医生涯，王奇实现了自己的人生诺言。

"生命之托，岂能懈怠"。简单的话，道出了他热爱工作，敢于担责的伟大人格与情操。从不懈怠，其实是一种吃苦耐劳、甘于付出的精神；从不懈怠就是一年三百六十天都在岗，一天二十四小时想着工作的良好习惯，他们是精英、是榜样更是楷模。与那些懈怠和懒散的人相比，他们更辛苦，付出得更多，但他们从无怨言，因为他们没有忘记，做好本职工作是自己的使命，只有更好地完成使命，才不枉人生美好岁月。

立足岗位
干好本职工作

4. 杜绝粗心大意，认真做好本职工作

同一种工作，不同的人做会有不同的结果。为什么？因为工作态度不同。工作认真，哪怕是看起来无关紧要的小事都仔细认真的人，结果总是令人满意的。而粗心大意，马马虎虎的人，总是会工作出错，惹出无尽的麻烦。粗心出错分两种情况，一种是因为理解错误而出错，比如老板吩咐的某一件事情因为没有听明白，又没有进一步询问，于是导致出错；还有一种是做的过程中不仔细造成的错误。其实不管是哪种原因，都属于工作态度不够端正，没有重视工作造成的。工作粗心大意并不是小事，可能有的人认为，我也就是出点小错而已，又没造成重大损失，有什么了不起的？没有造成重大损失当然是幸运，但并不是每次出错都不会造成损失，尤其是一些特殊的行业，粗心大意有可能造成企业财产严重受损，有的甚至影响到一个人的生死，可见工作容不得半点马虎与粗心。

1967年8月23日，前苏联著名宇航员弗拉迪米尔·科马洛夫一个人驾驶联盟一号宇宙飞船，经过一天一夜的太空飞行之后，圆满完成了任务，胜利返航。但是当宇宙飞船返回大气层，需要打开降落伞以减慢飞船速度时，科马洛夫突然发现无论用什么办法也打不开降落伞了。面对这一突发的恶性事故，

 用初心引领行动，培养良好工作习惯

地面指挥中心的工作人员焦灼异常，采取了一切可能的救助措施，想帮助他排除障碍，但都无济于事。当时苏联最著名的播音员以沉重的语调宣布：联盟一号宇宙飞船由于无法排除故障，不能减速，两个小时后将在着陆基地附近坠毁，我们将目睹民族英雄科马洛夫殉难。造成这次事故的原因是由于检查员的疏忽，点错了重要数据的小数点，在人生最后的两个小时里，这位勇敢的宇航员没有悲伤，而是坚持工作，最后在与女儿诀别时说："我要告诉你，我亲爱的女儿，我也要告诉全世界的小朋友，一定要认真学习每一个数，每个小数点，不要再让小数点的悲剧发生了！"飞船消失了，这场小数点的悲剧却给世界带来了震撼。

牛顿说："在数学中，最微小的误差也不能忽略。"在工作中道理也是相同的。运用在数学中的小数点对工作的成败同样起着至关重要的作用。在任何一个生产过程中，我们都不难看到因为平时工作中的一点点哪怕是看起来不严重的疏忽，最终造成悲剧的上演。如果我们能在工作的时候再认真一点、再仔细一点、想得更远一点，结果就会大不一样。

杜绝粗心大意我们就要端正态度，拿出敬业精神，把每个细微的工作做到完美。从公司曾经出现过的错误中吸取教训，认真严格地与自己的行为相比照，不放过任何一个细节，掌握绝对正确的操作技能，在每一个可能出错的环节上把好关。工作要按照计划进行，东抓一把，西抓一把往往会打乱思路，形成错误。按照计划，有条不紊地进行才不至于出错，很多错误都是因为我们面对突发事情时太过慌乱而造成的。工作完成后一定要仔细检查与核对后再上报或交货，要时刻警醒自己，一旦出错，就会有严重的后果。

立足岗位
干好本职工作

工作中有道算式是 100-99=0，意思是一百件事情中有九十九件做好了，只一件没做好，也等于白做。现代社会几乎没有单独存在的岗位，每个工种之间都有着紧密相连的关系，任何一个环节出错，都有可能导致整个事情的失败。所以，哪怕是做好了九十九件，也毫无用处。每个人的岗位都有各自不相同的责任，做好本职工作是企业对职工最起码的要求。如果我们在自己的岗位上粗心大意、马虎从事，不仅是对公司不负责任，更是对自己不负责任。任何一个做不好自己本职工作的人都不会有所作为。做好本职工作并没有我们想象的那么困难。从开始踏入某一个岗位开始，你一定是经过考虑，也得到企业认可的，也就是说这个岗位无论你喜欢还是不喜欢，至少你是可以胜任的。那么如果我们能够拿出十足的精力与热情，就一定能够把这项工作做好。同样的，就算你的能力对于这份工作来说有些大材小用，但你不用心，还是会做得不尽如人意。任何时候，态度始终是能否做好工作的关键。假如你从一开始就下定决心把这份工作做好，不让工作出错，那么你的工作就一定会让人满意。相反，你没有想做好工作的意识，就算领导再怎么强调质量，就算你明明知道出错的严重后果，工作中还是避免不了出错，这就是态度。

一种态度决定一种结果，如果我们能够全心全意地做工作，把粗心大意视为敌人，把岗位错误视作猛虎，就会更加仔细，更加认真，就一定能完成好工作使命。相信自己胜过别人相信你，认真工作一定胜过表面敷衍，请相信，一分耕耘一分收获是世界上亘古不变的真理。

 第三章 用初心引领行动,培养良好工作习惯

5.培养专心致志的工作习惯

专心致志,意为用心专一,聚精会神,丝毫不马虎,把心思全放在一件事上,形容非常认真地去做某件事。专心致志贵在执着与坚持。专心致志的人不会因为任何事情而受到干扰。专心致志有两个特点,一是一心一意,二是坚持到底。专心致志是优秀员工所具有的工作态度,是平庸和卓越的分水岭。一个专心致志、心无旁骛、用心工作的人和三心二意、三天打鱼两天晒网的人最大的区别就在于一个是一生专注于工作,另一个则是靠一时的兴趣。兴趣来了就认真做,没有兴趣就抛之脑后。一个人的精力是有限的,对事情的热情也是有限的。有些人表面上看起来兴趣多,什么事都想去做,但终究没有一件事情做好了,还有的人则只专注于某一件事,而且愿意在这件事上花功夫,于是做成功了。

从工作岗位的角度来说,专心致志是一种敬业精神,是对企业忠诚,对自己负责的行为。对企业负责就会有一种昂扬向上、励精图治的精神状态,有一种干不好工作就食不甘味、寝不安枕的劲头。反之,就会不用心、不动脑,有力不愿出,有劲不愿使,即使水平再高、能力再强,也不可能将工作做好。纵观百年职场,没有人是不经过努力就成功的,也少有人历经多年努力而不成功的。所以,成功与否在于你是否专心致志的工作,是否真正付出了努力。

立足岗位
干好本职工作

列文虎克于1632年10月24日出生在荷兰代尔夫特市的一个酿酒工人家庭。他父亲去世很早,在母亲的抚养下,他好不容易读了几年书。16岁即外出谋生,过着飘泊苦难的生活。后来返回家乡,才在代尔夫特市政厅当了一位看门人。由于看门工作比较轻松,时间宽裕,而且接触的人也很多,因而在一个偶然的机会里,他从一位朋友那里得知,荷兰的最大城市阿姆斯特丹有许多眼镜店,除磨制镜片外,也磨制放大镜,并告诉他说:"用放大镜,可以把看不清的小东西放大,并让你看得清清楚楚,神妙极了。"具有强烈好奇心的列文虎克,默默地想着这个新鲜有趣的问题,产生了兴趣。

"闲着也没事,我不妨也买一个放大镜来试试。"可是,当他到眼镜店一问,价钱却贵得吓人,他只好高兴而去,扫兴而归了。列文虎克从眼镜店出来,恰好看到磨制镜片的人在使劲地磨着。但磨制的方法并不神秘,只是需要仔细和耐心罢了。"索性我也来磨磨看。"从那时起,列文虎克利用自己的充裕时间,耐心地磨制起镜片来……

列文虎克除了懂荷兰文之外,对其他文字一窍不通。尤其一些科学技术的著作都以拉丁文为主,所以他没法阅读这些参考资料,他只能自己摸索。经过辛勤劳动,列文虎克终于磨制成了小小的透镜。但由于实在太小了,他就做了一个架子,把这块小小的透镜镶在上边,看东西就方便了。后来,经过反复琢磨,他又在透镜的下边装了一块铜板,上面钻了一个小孔,使光线从这里射进而反照出所观察的东西来。这就是列文虎克所制作的第一架显微镜,它的放大能力相当大,竟超过了当时世界上所有的显微镜。

第三章 用初心引领行动,培养良好工作习惯

列文虎克有了自己的显微镜后,便十分高兴地察看一切。他把手伸到显微镜旁,只见手指上的皮肤粗糙得像块柑桔皮,难看极了。他看到蜜蜂腿上的短毛,犹如缝衣针一样地直立着,使人有点害怕。随后,他又观察了蜜蜂的螫针、蚊子的长嘴和一种甲虫的腿。总之,他对任何东西都感兴趣,都要仔细观察。可是,当他把身边和周围能够观察的东西都看过之后,便又开始不大满足了。他觉得应该再有一个更大、更好的显微镜。为此,列文虎克更加认真地磨制透镜。由于经验加上兴趣,他毅然辞退了公职,并把家中的一间空房改作了自己的实验室。几年以后,列文虎克所制成的显微镜,不仅越来越多和越来越大,而且也越来越精巧和越来越完美了,以至于能把细小的东西放大到两三百倍。

列文虎克的工作是保密的,他从不允许任何人参观,总是单独一个人在小屋里耐心地磨制镜片,或观察他所感兴趣的东西。他作为自学者,从动物学各科中,获得了广博的知识。他把从干草浸泡液中所观察到的微生物,称之为"微动物",但是,列文虎克却对他的朋友——医生兼解剖学家德·格拉夫(1641~1673年)是个例外,因格拉夫既是代尔夫特城里的名医,同时也是英国皇家学会的通讯会员。他早听人说,列文虎克正在研制什么神秘的眼镜。

一天,格拉夫终于专程前来拜访列文虎克。面对这位知名人士和朋友的来访,他热情地拿出自己的显微镜请格拉夫观看。不看则已,看着看着格拉夫抬起头来,严肃地说道:"亲爱的,这可真是件了不起的创造发明啊!"格拉夫接着又说:"你知道吗?你的创造发明具有极其伟大的意义。你不能再保守秘密了,应该立即把你的显微镜和观察记录,送给英国的皇

家学会。"

"难道连显微镜也要送去?!"这可是列文虎克从来没有考虑过的严肃问题——公开自己的显微镜。他认为这是自己的心血,自己的财富。所以,当他听了格拉夫的劝告后,他竟把显微镜收了起来。"朋友,这种公开不是坏事,谁也不会侵占你的成果,你必须向世界公众表明:你的观察是如此非凡,这是人类从未发现的新课题。"于是,世界上最先进的显微镜正式问世。

专心致志的工作不仅是一种做事的风格,也是平时养成的良好习惯。"我也希望自己在工作时能够专心致志,但就是做不到",这是很多人的苦恼。如何才能让自己在工作时专心致志?首先要从心理上让自己坚决认同只有专心致志,才能把工作做好的观点。有了这种坚定认识,才能帮助我们在工作中思想不开小差,不去想其他的事情。着手工作时,我们要分清主次,把最需要做的事情拿上前,把其他事情先放一边。同一时间,既想做这件事,又想做那件事,这种想法只会让时间白白浪费掉。所谓心无二用,就是说一个人同一时间是做不好两件事的。从一件事到另一件事,我们的大脑是需要转换过程的,当大脑还没适应这件事情时,你又去着手那件事,这当然是做不好的。认定需要做的事情后,就屏蔽各种可能会受到干扰的事物。比如关掉手机铃声、拿开其他与手中工作无关的文件、关闭各种电子邮件等。让自己有个安静的环境去专心工作。每天坚持几个小时,日子一久自然就形成了习惯,就不会被其他事情和焦虑的心情左右。

【第四章】

以工作唤醒使命,让平凡的工作闪耀光芒

工作就是使命,把工作做到最好就是我们的初心。有这样的使命和初心,不管多么平凡普通的工作,我们都会认认真真地去做,踏踏实实地做好,再平凡的工作也会因使命感而闪耀出耀眼的光芒。

立足岗位
干好本职工作

1. 不管工作多么平凡，都有相应的使命

在我们身边有这样一群人，他们在每一个平凡的岗位上默默无闻地工作着，他们没有惊天动地的业绩，他们的工资不高，他们的圈子也不大，但他们仍旧无怨无悔、兢兢业业。"在这个浮躁而焦虑的时代，唯有工作才有乐趣，唯有把一切都奉献给社会，才能安心，才能不枉一世。"平凡的文字，道出的是平凡人不平凡的心声，简单的工作，诠释出的是不平凡的含义。习近平总书记曾指出："幸福不会从天而降，梦想不会自动成真，实现我们的奋斗目标，开创我们的美好未来，必须紧紧依靠人民、始终为了人民，必须依靠辛勤劳动、诚实劳动、创造性劳动。"让普通人在普通岗位做出不平凡事业的是初心，让他们几十年如一日坚定不移的是使命。在他们心里，无论自己的岗位有多平凡，但使命从来没有平凡过，为了完成使命，他们将全力以赴。我们的社会也正是因为有了这样的普通人在平凡的岗位上行使不平凡的使命，才得以社会安宁，人们安泰。

"有速度的青春，满是激情的生命，热爱这岗位，几回出生入死，和死神争夺。这一次，身躯在黑暗中跌落，但你护住了怀抱中最珍爱的花朵。你在时，如炽烈的阳光；你离开，是灿烂晚霞。"他叫杨科璋，勇救被困群众，用血肉之躯给孩子

第四章 以工作唤醒使命，让平凡的工作闪耀光芒

充当"救生垫"，献出了年仅 27 岁的生命，彰显了舍己为人、见义勇为的高尚品质。

2015 年 5 月 29 日，玉林市新民社区泉源街一栋 9 层正在改建的民宅突然发生火灾。有人被困在 5 楼，情况十分危急。玉林支队调派 16 辆消防车 65 名官兵赶赴现场。杨科璋主动请缨，带领搜救组逐层搜索至 5 楼。找到了受困的母子 3 人。3 人被有毒浓烟熏得瘫软在地，2 岁女童一直大哭。浓烟滚滚不断涌来，情势非常危急，众人都面临着死亡的威胁。杨科璋果断行动，抱起女孩开始撤离。浓烟中能见度极低，女童又哭又闹、使劲挣扎，杨科璋抱着她边哄边在黑暗中摸索寻找转移通道。突然，他一脚踏空，掉进了尚未安装电梯的电梯井里，瞬间失去踪影……凌晨 5 时，大火被扑灭，搜救人员打开一楼的卷闸门发现，杨科璋仰面朝上，口鼻处都是血迹，双臂成环状，紧抱着女童……经紧急抢救，女童得以生还，杨科璋壮烈牺牲。参与抢救的医生说："从本能应急反应来说，意外跌跤都会自然张开双手，寻找支撑保护，但他始终没有松手。如果不是他紧紧抱住，并当'保护垫'缓冲，女童绝无生还可能。"

杨科璋在血与火、生与死的考验面前，把生的希望留给群众，用忠肝义胆诠释了军人的忠诚与光荣。

一名普通的消防官兵，在最关键的时候，展现出了军人的气魄，诠释了爱的力量。军人的使命是保家卫国，他做到了，为了他人的安全，就算是献出年轻的生命也无怨无悔。曾经他也站在平凡的岗位上做着毫不起眼的小事，但他的每一举手投足，无不代表着使命的伟大与光荣。

盛铭骅是北京地铁一号线古城检修中心的一名检修工。他

立足岗位
干好本职工作

表示，检出来的车就要保证安全，修出来的活就要治病除根。虽然工作中也会遇到各种各样的问题，但是只要想到乘客的乘车体验和乘车安全，盛铭骅就感觉自己的付出是值得的，自己的工作也是有意义的。"国家飞速发展，地铁的车型不断更新，我们也要不断学习，不断更新自己，更新知识和技能。"盛铭骅表示，保障广大市民的安全出行，为乘客提供更加安全可靠的出行体验是地铁检修工作的终极价值。

一枚螺丝生锈、一个齿轮滑落、一块木板腐蚀……点滴的疏漏就会导致大祸，就会危及无数人的生命安全。地铁检修工的使命是让每一辆车安全到站，每一名乘客安全出行。岗位平凡，工作平凡，使命却关乎千万人的生命安全。他做到了，因为他们，出行的人们无论天南海北从无畏惧。

2018年6月8日下午3点，四川省、中国民用航空局成功处置川航3U8633航班险情表彰大会在成都召开。为表彰先进、弘扬正气，中国民用航空局、四川省人民政府决定授予川航3U8633航班机组"中国民航英雄机组"称号；授予刘传健同志"中国民航英雄机长"称号并享受省级劳动模范待遇。中国民用航空局、四川省人民政府还给予机长、副驾驶员和乘务组适当奖励。给予机长刘传健500万元奖励，给予第二机长梁鹏200万元奖励，给予副驾驶100万元奖励，给予其他6名机组人员100万元奖励。

面对英雄称号，机长刘传健接受成都全搜索新闻网记者采访时表示，英雄很简单，只要在平凡的岗位做出不平凡的工作都是英雄。他说，此次荣誉对于整个机组来讲是一个新的起点，接下来还会有更多新的工作去做，争取把好的作风带到社

第四章 以工作唤醒使命，让平凡的工作闪耀光芒

会上去，影响社会上的每一个人。"以后我们还会继续做好工作，兢兢业业，踏踏实实地去服务好旅客，服务好社会。"

5月14日，四川航空股份有限公司3U8633重庆至拉萨航班，在成都管制区域巡航高度9800米驾驶舱右侧风挡玻璃爆裂脱落，导致座舱失压。机组成功处置，在成都双流机场安全备降，确保了机上119名旅客和9名机组人员的安全。"5月14日以后，前期在做备降事件调查，后面做了体检和一些预防性的治疗。"据刘传健介绍，目前整个机组身体都很好，因为还需要做一些相关体检，所以可能还需要一段时间才能恢复工作。在经过相关部门的体检合格后即可恢复飞行。"我现在身体还不错，听力基本上没有什么影响，对于以后飞行我们都是有信心的。"

正是因为这些机组人员沉着冷静和娴熟过硬的操作技术，才能化险为夷。一旦飞上天，所有人的命运就掌握在他们手中，所以他们不敢懈怠，所以他们精益求精。他们的使命是将人们带上蓝天领略无限风光，再平安着陆。他们做到了，他们是天使，是时代精英，也是平凡的普通人。

在这个世界上，有一些人，默默无闻地在岗位上坚守数十年，将毕生精力投入到工作中，甘做一颗普通的"螺丝钉"。正如自贡运输机械集团股份有限公司总装车间车工徐程，27年如一日，为运机集团奉献自己的青春和热情。"我在平凡的岗位上做着平凡的事。"谈到工作，徐程腼腆地笑着，缓缓讲述了自己在工作中的故事。46岁的徐程是四川省自贡运输机械集团股份有限公司总装车间的一名车工。1991年，徐程参加工作，自此始终奋战在生产一线，从事机械产品加工工作

> 立足岗位
> **干好本职工作**

27年，目前是公司总装车间大车组组长。他以顽强拼搏、敬业奉献的工作精神和开拓进取、勇于创新的科学态度，为原运机总厂（后改制为运机集团）、运机集团的发展建设做出了突出贡献。2018年，徐程成为自贡市唯一一位全国五一劳动奖章获得者，这与他认真负责的工作态度有密不可分的关系。"企业以质量求生存，我必须保证设备的正常，才能生产出合格的产品。"正是这种以企业良好发展为己任、认真负责的精神，让他在平凡的岗位上做出了不平凡的业绩。

高楼大厦之所以百年不倒，正是因为有千万颗螺丝钉将它们牢牢支撑，也许一颗螺丝钉的力量小到可以忽略不计，但是无数个螺丝钉在一起，便有了高楼，有了百年根基。每一份工作每一个岗位都有它存在的价值，都有它不可忽略的重大使命。这个社会的安宁与和谐不是靠某一个人的力量，也不是只有高高在上的领导与伟人才能发挥作用，一个平凡的普通人，同样肩负着重大责任，同样有无人可替的使命。工作平凡，作用不平凡，岗位平凡，使命不平凡，只要我们每个人都把工作当事业，把岗位当成人生中需要完成的重要使命，我们的人生就无处不辉煌。

2. 用使命感驱动工作，坚守岗位第一线

我们的工作就是我们的使命，没有使命感和责任感的工作，只是应

第四章 以工作唤醒使命，让平凡的工作闪耀光芒

付形势，只是为了谋生，为了不挨饿受冻。带着使命感工作的人，才会将工作视为人生大事，才会倾其精力，甘愿奉献。社会分工不同，每个人所在的岗位不同，使命也各不相同。以使命感来驱动工作的人，哪怕是在最辛苦的第一线，也乐在其中。

2018年1月9日，南阳公共交通总公司发表文章，表扬在恶劣天气依然奋战在一线的职工。

清扫积雪。

为了保障市民安全出行，公交干部职工一大早就深入到分包的分公司、站点，冒着严寒清扫积雪，他们扫的扫，铲的铲，仿佛丝毫感受不到冰天雪地的寒意。

现场调度。

总公司领导班子带领分管处室人员、各分公司管理人员奔赴各站点、车厢督促各项工作，明确分工、责任到人，做到防范工作细致全面、应对措施有力有序，全力以赴保障乘客出行。组织人员到各公交站台、涵洞、桥梁、转弯等危险地段和易滑地段进行安全警示与疏导，提醒驾驶员做好规范营运，安全驾驶，文明服务。

调度人员根据车辆情况实时调度车辆。

智能调度中心的工作人员在发车前提前到岗，根据车辆监控情况，做好调度安排。第一时间通报道路、桥梁、涵洞等易发生冰冻路滑地段通行情况的提示工作，确保驾驶员第一时间对道路的通行情况进行分析预判，为市民安全出行提供有力保障。

安全叮嘱。

分公司管理人员逐一对驾驶员进行安全叮嘱，提醒驾驶员

做到谨慎慢行、礼让行人。尤其是对新上岗驾驶员叮嘱冰雪道路安全驾驶，要求他们克服紧张情绪，稳驾慢行。

志愿者服务。

提醒乘客上下车注意安全，维持站台候车秩序。

后勤保障。

车辆应急救援小组随时待命全力保障车辆正常运营。

无畏风雪、一路相伴、市民点赞。

为积极应对恶劣天气，南阳公交多项举措应对低温雨雪天气，按照公司统一安排部署，全体干部职工积极深入一线，严阵以待，最大限度地降低冰雪天气带来的不利影响，保证车辆安全运营，未发生大规模乘客滞留站点的现象。为了保障广大市民乘客的安全顺利出行，他们与风雪同行、坚守岗位，保证发车准点率达98.51%、趟次率为81.58%、出车率达99.35%，受雨雪天气影响，除趟次率外，发车准点率和出车率较平时持平，两天（4日、5日）共运送乘客近50万人次。

风雪中最美的人便是他们，面对恶劣天气齐心协力、不畏严寒、不怕苦不怕累，未出现让大规模的乘客在站点滞留的现象。如果他们围着暖炉不出门，没有人会指责，毕竟天气恶劣，谁都难出；如果他们只顾找原因而不顾出行的人们，也没有人可以去批评，事实上有些事他们确实可以不管不顾，但是他们没有，因为他们的使命决定了他们的行为。

2018年5月12，护士节。

29岁的刘丹怀孕36周多了，但是她每天都挺着"巨肚"穿梭在几间手术室中。今年是她在手术室的第8个年头，怀孕后她依然坚持上班，并与同事们一样照常加班。在手术室工作需要长时间站立，且经常不能按时吃饭、准点下班，这些对准

第四章 以工作唤醒使命，让平凡的工作闪耀光芒

妈妈刘丹与肚子里的宝宝来说都是极大的挑战。刘丹的姐妹们说，手术量特别大的几天里，刘丹曾有几次险些流产，住院保胎几天后又匆匆投入岗位。大家心疼她，都纷纷劝她休息，可刘丹担心会耽误工作，仍执拗地继续上班。"虽然她们都说我固执，可是你看，我和我的宝贝不是都好好的吗？我还有6天就足月了。"刘丹露出难以掩盖的甜蜜笑容，但话音未落就跑去整理无菌包，为下一台手术做准备。

因为肚子大，且伴有孕期水肿，刘丹的动作很缓慢，蹲下调整机器时也稍显笨拙，站起身时有点困难。"你临产期将至还坚持在岗工作，家人会反对吗？"面对这样的提问，刘丹笑了，"会啊，但我每次都安慰他们说，孩子要是想出来，我马上躺手术台上就能生，楼下就是爱婴区，特别方便！"家人拗不过她，也就只能支持她了。刘丹说，肚子大，久站会很累，容易腰酸背痛，但同事们都特别照顾她。在科室里，刘丹肚子里的孩子是受宠的小宝贝，休息间隙，同事摸着刘丹的肚子说，"宝贝辛苦了。"

不忘初心，十年如一日

1996年到2018年，在手术室的这22年，承载着梁海英的梦想和对这个职业的全部热爱。这22年，她完成了从怯声怯气到驾轻就熟的完美蜕变；这22年，她也经历了从单身贵族到"不合格"妈妈的辛酸历程。为什么喜欢当手术室护士？"看到患者大出血止住了，看到小娃娃出生了，看到病人转危为安了，看到在外等候的患者家属舒心的笑容，这些都能让我充满成就感……"说这话时，梁海英眼睛亮亮的，她说，特别是能把生死边缘的患者从鬼门关上夺回来，能让我高兴好几天。然而这些年来，对家庭梁海英却总有一种愧疚感，手术室

立足岗位
干好本职工作

工作性质随叫随到,加班加点都是家常便饭,她无暇顾及家庭,尤其是她唯一的儿子。"妈妈去给你赚奶粉钱,你要乖乖的哦!"梁海英说,以前经常凌晨被叫去做急诊手术,起床的时候不小心吵醒了儿子,儿子眼巴巴地看着她换衣服、穿鞋子、出门,每次临走前,她就是这么跟儿子解释的。儿子很听话,不哭不闹,一直都很理解她。说起这些,梁海英心疼又感动,"我知道我一直都做得不够好,但真的特别谢谢家人的理解。我很喜欢这份工作,今后我也会一如既往地倾注我的热情和精力,不辜负家人的支持和患者的期望。"

天使的使命是将所有患难带走,把幸福留给人类。护士工作不仅平凡,还很辛苦,每一个护士都是天使。5月12日,是他们的节日,但依然有成千上万的护士坚守第一线,把微笑留给病人,把温暖留给病人。带走疾痛,留下微笑与健康是他们的使命,也是他们一生追求的目标。为了完成使命,他们从不敢懈怠,因为他们知道他们的工作关乎人的生死。正是这份特殊的职业,让他们有了特殊的使命,同时也有了特殊的光荣与骄傲。就算千般劳累万般辛苦,他们也无怨无悔。

姜广泉是牡安建设集团焊接工、高级技师,始终着眼于本职工作,争创一流业绩。他凭着对焊接技术的热爱和高度敬业精神,不畏寒暑、潜心钻研,从一名普通的学徒工逐步成长为一名技术过硬的生产标兵,他个人连续多年被评为集团公司"先进工作者",参加工作三十余载,一直奋斗在安装行业的第一线,在平凡的岗位上默默无闻,做出了不平凡的工作业绩。

最开始还只是学徒的他连焊枪都把不稳。师父告诉他:"要想当一名合格的好焊工,靠的是扎实的基本功。"为尽快

第四章 以工作唤醒使命，让平凡的工作闪耀光芒

掌握技术，他早来晚走，虚心请教，对焊条的使用角度、焊接的电流强度、施焊的方法仔细观察，用心揣摩，反复练习。可是他毕竟是新手，难免手忙脚乱，手脚常被烫伤，但是他却喜欢上了这焊花飞溅的灿烂场景。在旁人看来，焊工或许辛苦，但在姜师傅眼里，苦中有乐。为了练腕力，他像着了魔似的，每晚在胳膊上吊秤砣，手腕累得酸疼。功夫不负有心人，一年光景，他手持两三斤重的焊枪也能纹丝不动。为了练腿功，他平时做事尽量蹲着，练就了蹲着焊接四五小时的功夫。成长在艰苦岁月的姜广泉师傅，深谙"梅花香自苦寒来"的道理，始终兢兢业业做好手头的工作。做了电焊工以后，为了练好焊接技术，他付出了常人难以想象的辛苦。别人午休他练习，别人下班他加班。冬天，在几十米高的锅炉上干活，风吹在脸上像针扎，手冻得连焊把都握不住。夏天，天气再热也得穿上厚厚的防护服，有时管材需要加温才能施焊，温度就要达到200多度，背上太阳晒，脸上电弧烤，衣服湿了又湿。最辛苦的还是需要仰焊的时候，为了不影响整体质量，高达几百度的焊渣掉到身子上也只能忍着，工作中经常是旧伤还没好，又落下了新伤……但这些在姜师傅眼里都成了家常便饭，他就是凭着这股韧劲，在牡丹江2000年焊接大赛中取得了冠军，在山海关万吨油轮施工中，按美国ABS焊接标准取得了国际焊工证。姜师傅在实际工作中还能发挥传帮带的作用，带出了不下20人的焊接队伍。他在工作中坚持高标准、严要求，对自己所焊的每一道焊口都认真负责，确保焊一道合格一道，决不允许出现质量问题。他先后参加了牡丹江热电总公司西城供热公司9台热水锅炉的安装工程、吉林公主岭3台75吨循环硫化床电站锅炉安装工程、鸡东热电厂75吨锅炉及化学水处理工程、

立足岗位
干好本职工作

吉林延边大学两台 80 吨热水锅炉安装工程、东宁热电厂 90 吨循环硫化床锅炉安装工程。特别值得一提的是 2016 年文登热电厂 260 吨循环硫化床锅炉及两台 5 万兆瓦发电机组安装工程，两个项目总计造价 2562 万元。这是公司有史以来施工的最大锅炉安装项目，单台锅炉本体总重 1850 多吨，其中锅筒重达 55 吨，单台锅炉受热面焊口 7300 多个。施工量之大，施工难度之大可想而知。姜广泉作为项目施工主要工序的负责人，不但安排好各工种的衔接，而且严格控制质量关。本台锅炉是当年施工当年投产，要求工期非常紧，在本地区每年夏天都有一段时间下连天雨无法施工，只能雨季来临之前做好充分的工作安排，提前加班加点，保证多班作业，人停机不停。从开工到水压试验共用了 90 天，两台锅炉水压试压都是一次成功，保质量无事故地按照合同如期完工，得到了建设单位和特检院的高度好评。被当地政府授予"安装铁军"的荣誉称号，为企业赢得了良好的社会声誉。不仅为公司创造了经济效益，更为牡安集团树立了企业形象。更重要的是积累了施工经验，为公司以后承揽、施工打下了坚实的基础。

几十年如一日勤勤恳恳奋战在施工第一线，虽然做着平凡的工作，但使命中的光芒从来都是遮挡不住的。生活上容易满足，工作却要精益求精，这便是平凡中的伟大，是把本职工作中的使命做到了最高境界。一个人完成使命的动力来源于对工作的坚守与守护，在心里有一种一定要做好的信念，于是便产生了精神动力。对自己要求越高，心里越愉快，做出来的结果也越令人满意。使命给了人们做事情的方向与动力，确定使命并建立一种使命感，再难的工作也会变得容易。

 第四章 以工作唤醒使命，让平凡的工作闪耀光芒

3. 沉得下气，静得下心

职场有一条让人成功的大道，成千上万的人在通往这条大道的路上拥挤；职场又是人生成功与失败的较量场所，不光与对手，也包括与自己的较量。成功者总在前面引路，失败者在后面跌跌撞撞。为什么明明大家走的是同一条道，有些人成功了，有些人却离那条光明的大道越来越远？能力相当，起点相同，甚至有些从一开始就站得比别人高的人最后却输得很惨，于是怀疑自己，怀疑人生，对世上一切都没有了信心。有调查显示，百分之八十不成功的人并不是因为他们能力不济，而是心态不够好。职场重要的不仅仅是能力，还有自我约束力，也就是心态控制力。沉得下气，静得下心，我们才能在自己的岗位上发挥出最佳状态。

日常生活中影响我们心态的因素有很多，比如工作环境、人际关系、工作压力甚至包括天气等都会影响到我们的心态。心态健康的人总是平心静气地接受生活中的种种。"不以物喜，不以己悲"是大智慧，是一般人难以达到的。大多人会受到诸多因素的影响而产生情绪起伏。如何让自己成为情绪的主人而不是奴隶，如何让自己静心工作是很多人一直苦寻的答案。职场上千万种人有千万种情绪，到底怎么做才是最轻松的人生，怎么做才能让自己甩掉包袱，阔步向前？

立足岗位
干好本职工作

（1）面对压力

一个人的成功往往是和失败相伴的。有失败才有成功，不然就不会有"失败是成功之母"一说。然而很多人习惯拥抱成功而难以接受失败。一旦失败，不是沮丧放弃就是死要面子地撑着。这种人既伤害了自己的自尊又活得艰难痛苦，有的甚至因为承受不了失败的打击而走向极端。

进入职场，我们首先要有"任何工作都是有压力的，再简单的工作都不会一帆风顺，都不会信手拈来"的思想准备。当我们在工作中遇到压力时，应该学会管理压力并科学释放压力，减轻对工作的恐惧感，心情轻松才容易重燃激情。现实生活中我们每人都应弄清楚自己是谁、在哪里、该干什么这3个问题。

"人生不如意常八九"，工作中难免会受气、遇到挫折、感到委屈，有多大的胸怀，就能做出多大的事业。胸怀就是要心里容得下事，容得下人。既要有目标和方向，又要敢于面对不顺利。把事业看重是正确的，但太看重得失就难免因小失大。压力处理得当它会转变成动力，会促使你干劲更足，信心更大。压力是把双刃剑，处理不当就会伤人。面对纷繁复杂的事情我们要仔细思量，寻找切入点，把握平衡度，既不能让压力把自己压倒，也不能完全没有压力。没有压力，动力也就不存在了。

失败其实很正常，既然同样的事情，别人成功而自己却失败了，就一定有不足的方面，一定存在着问题。如果我们能静下心来，从自我身上找原因，不推卸责任，大胆承认自己的不足，从失败中汲取教训，调整心态，从头再来，必定也能成功。打着"自尊心"的旗号，不愿意面对别人成功自己却失败的现实，一味地自责、失望，甚至心怀嫉妒，都只会让自己失败得更惨。比如同一个单位，同一个工种，身边的人不是先进就是优秀员工，而你却什么都不是。你开始感觉被压得喘不过气

 第四章 以工作唤醒使命,让平凡的工作闪耀光芒

来,焦虑、狂躁,甚至不想干了,这些都只会让你更快地失去工作,失去理想和信念。正确的做法是让自己静下心来,反省自己的行为与表现,找出是哪里出了问题,再加以改正,只有这样,你才有在这个岗位上继续竞争的机会。做任何事情都是有一个顺序的,想一步登天是不可能的。

从踏入职场的第一天开始,就要先给自己定好位,明白自己的岗位使命,要能吃苦负重,要学会静下心来埋头苦干,学习你所需要的专业技能和知识以及实践经验,就算再大的压力也要扛住,沉住气,找到释放压力的方法。比如与朋友聚一次,说说心里话,发发牢骚,或者把心里的委屈写成文字,然后面对镜子里的自己笑一笑,明天又是新的开始。

(2)面对上司

有些人在公司一旦受到上司的重用就开始狂妄自大,以为自己已经成为上司的左膀右臂,好像少了他的存在,上司就无法做好工作,公司就无法正常运转一样。对待工作不再像刚开始时那么小心翼翼,哪怕是工作上出现了差错也不愿承认是自己的责任,而是把责任推给他人。要么是上司决策有误,要么是下属办事不力,总之凡是错误的事情都与自己无关,凡是有功的事情必定少不了自己的一份。老板不能责怪——凡事都是自己的功劳,老板还有什么资格可以责怪自己的?心中不能有一点点委屈,稍微不满意就开始抱怨,认为自己功劳多如山,犯点小错误有什么不得了?想要他们承认错误比登天还难。对他们来说受委屈是小事,丢面子是大事。所以只要上司指责他们,他们就会据理力争,完全忘记了自己是下属,也忘记了自己真正的错误,他们宁愿冒着被炒鱿鱼的风险,也不愿低头认错。他们甚至会拿出"佛争一柱香,人争一口气"的架势来为自己辩解,为自己开脱。显然这是沉不住气的表现。沉不住气带来的后果大部分都是被炒鱿鱼,因为没有哪个老板喜欢跟自

己对着干的员工,哪怕能力再强。其实,他没有想过,在他来之前,公司是正常运转的,他走之后,公司也会一如既往地运转,任何一个公司都不会因为某一个人的离开而垮掉。正如常言所说:地球离了谁都会一样地转。不要以为只有自己才是强者,不要以为某些事非我不可,有些职位非我莫属!世界之大,无奇不有,强中还有强中手,要想成大器,就要沉得住气。

"佛争一炷香,人争一口气"说的是尊严,而不是赌气。为了尊严,我们可以争一口气,但为了遮掩自己的错误,那就毫无意义了。世界上绝对的公平是不存在的,就算你的确有功劳,就算你的付出远远大于你的错误,错误毕竟是存在的,上司的批评也不是没有道理的。如果连批评都不能接受,又何来承受大事的能力?沉得住气的人是有修养、有胸怀的人,也是能成大事的人。想要成大事,就要学会沉住气,不管有再多的委屈,再大的不公平,我们都要有承受的能力。许多时候,当我们被炒或者与他人闹不愉快后静下心来想想,其实这又是何必!可后悔已经来不及了。任何时候我们都要把"气"压下来,让自己静下心来面对事情,在心情平和的状态下作出的决定才是正确而有利于自己的。

(3)面对同事

工作中我们常常遇到的问题其实并不是一些大事,而是琐碎的小事。想要做好本职工作就要把这些小事处理得当。尤其是与同事相处,小事处理不好会演化成大矛盾。"得理不饶人,无理搅三分",这是一些人常犯的毛病。如果在职场中得理不饶人,把一件不足挂齿的小事复杂化,不仅会把上司或同事搞得下不了台,还会给人留下固执己见,小鸡肚肠的印象,以至于在以后的工作中成了"孤家寡人",孤立无援。同在一个办公场所,难免会因为一些小事与同事之间产生误会,只要没有根本的利害冲突,即便自己占理,也应该大度地让别人三分。

 **第四章** 以工作唤醒使命,让平凡的工作闪耀光芒

俗话说:进一步山穷水尽,退一步海阔天空。正所谓"一忍可以支百勇,一静可以制百动"。在运气不顺之时,保持住内心的那一股静气,可以在低谷时坦然处之。在运气好的时候,切莫得意忘形,因为盛气凌人的样子没有人会喜欢。心平气和地待人接物,沉着冷静地应对问题,就可以做到处惊不乱,随遇而安。沉住气,并不是让你事事忍气吞声,低三下四,而是以宽容的心来对待他人。

我们常常听到别人对一个人的评价"这个人不错,可惜就是脾气坏了点"。可惜之意,自然是因为脾气坏而失去了许多机会。一点小事就怒火冲天,大发脾气;还没弄清楚事情的原委就冲他人大吼大叫,觉得世界都在为难自己,这是人际关系中的大忌。不论我们遇到多大委屈,不管事情对我们有多重要,都会有水落石出的一天。沉下气来,分析事情,积极寻找解决问题的方法远比在那儿大吼大叫要强得多。也许同事并没有刻意要为难你,也许事情的根由是从你自身的错误引起的,不管什么原因,先让自己静下心来是必要的。

(4)面对工作

同一个工种,可能有很多伙伴在与你一起做。在执行某一项任务时,并不是所有的人都会像你一样努力,并不是所有的结果都会像你想象的一样令你满意。同事中可能有偷懒的,可能有能力有限的,还有仗着与上司关系不错而在你们中间大呼小叫的……这些情况都可能存在。

假如一味地盯着他人,把工作当成是平均分配,多做一点都不愿意,那么你一定会被大家"吃掉"。职场形形色色的人都有,你不可能要求每个人都与你想法一样,做法一样。当遇到各种令你不愉快的事情的时候,抱怨、憎恨与委屈都只是徒劳。你唯一能做的,就是让自己沉住气,一丝不苟地做好本职工作。大家都在玩,我为什么还这么努力?既然可以马虎,我也就不必那么认真了……这些想法只会让你越来越懈怠,越来越失去初心,忘记自己的使命。要时刻提醒自己,工作是我们

立足岗位
干好本职工作

展示自己、实现理想的途径，我们来到职场并不是为了与他人争高低，也不是为了耍小聪明，而是为了给自己机会，让自己成就一番事业。不管别人是什么态度，严格要求自己，按照公司要求，认认真真踏踏实实地做好本职工作，我们的理想才能有机会实现。沉住气，静下心，概括起来就是要学会忍耐。

只有善于忍耐的人，才会达到他所要求的高度。"冲动是魔鬼""一怒万事休"。管理好自己的情绪，让自己沉得下气，静得下心，在自己的岗位上做好每一件小事，才能一步步走向未来。也只有先做好本职工作，才有更大的发展空间。

杜小娜大学毕业后，在一家贸易公司干了三年，从一个没有任何工作经验的青涩大学生成长为业务熟练、性格沉稳的资深员工。为了拥有更广阔的发展空间，她决定跳槽。通过网上的招聘，一个实力雄厚的大公司成为她的新东家。

这天，杜小娜跟原单位的老总提出了辞职，并根据自己三年细心的观察和体验，针对实际情况给公司提出了一些建议，老总听得很认真，也很感动。一个另谋高就的人，临走之时还对公司的事务这么上心，非常可贵。杜小娜没有急于在公司里张扬自己要跳槽的事，她不想让公司的同事因此产生情绪波动。距杜小娜离职的日子越来越近了，这段日子，她每天早去晚归，就是想站好最后一班岗。

根据公司的规定，辞职三个月才可以走。可由于杜小娜提前培养出了顶替自己工作的接班人，还把工作打理得井井有条，领导允许她提前离开。临近年终，还把她的年终奖金提前发放了。

杜小娜的"新东家"要求她报到的时候，要带上原单位

第四章 以工作唤醒使命，让平凡的工作闪耀光芒

领导给出的鉴定。原单位老总听说后，非常配合，鉴定里字字句句都是真诚的褒奖。

尽管"新东家"实力雄厚，杜小娜走的时候还是保持了低调。她不想给别人留下"小人得志"的印象，她始终信奉"做人低调，做事踏实"的原则。

按照杜小娜与老总的约定，在这个周五下午的例会上，老总将会公布她辞职的事情，同时让杜小娜宣读她的感谢信。

杜小娜的辞职让大家很意外，但是她的感谢信让每个人都感到了温暖。以至于她读感谢信的时候，好几次都被大家热烈的掌声打断。老总对杜小娜说："如果以后干得不开心了，就回来，这里永远是你的家，没事的时候，常回来看看啊。"杜小娜连连点头，心里暖暖的。

有些人一旦有了好的去处，恨不得引全天下人来羡慕，让别人无法再静心做工作了。在他们心里，自己的高调是理所当然，因为以后的工作会更好，职位会更高。但这种人往往得意不了多久，要么发现新工作并不如想象中的满意，要么因为静不下心来继续工作而和大家闹得不愉快。不管我们今后如何，至少还是要做好眼前的工作，对得起上司和自己才是最好的做法。有更好的去处当然是好事，但沉下气，努力做好手上的工作才是值得别人尊重的原因。别人并不会因为你有了好的去处就对你刮目相看，也不会因为你即将离去而刻意捧你，对你的态度是基于你对工作的态度。沉得下气，静得下心的人才是真正怀才的人，才是做大事的人。

立足岗位
干好本职工作

4. 吃得了苦，守得住穷

　　这个社会金钱确实是不能忽视的重要角色。没有钱，很多理想愿望都会因为受到限制而不能顺利实现，没有钱，想过的日子总是很遥远……没有钱有很多落寞，很多心酸，很多无奈。一些人进入职场的目的并不是为了什么理想或奉献，而是冲着薪水和利益来的。工作一段时间后一旦发现所在岗位并没有他想象的有那么丰厚的利益便开始偏离轨道，有的抱怨，有的失望，有的迷惑，有的徘徊，还有的甚至走上一条不归路。他们忘记了只有勤劳才能换来成果，只有踏实苦干，才有成功的那一天。无论哪个行业我们都可以看到一些因抵不住对金钱的欲望而丧失精神支柱、丧失灵魂的人，他们在工作中只讲实惠、只讲钱财、只讲索取，不讲理想、不讲奉献、不讲原则。他们把工作当成是捞钱的筹码，为了满足私利不惜拿自己的岗位与人品做交换。俗话说："吃得苦中苦，方为人上人。"员工吃苦耐劳的精神带给企业的是业绩的提升和利润的增长，带给自己的是宝贵的知识、技能、经验，还有财富。人生中任何一种成功都不是唾手可得的，不能吃苦、不肯吃苦，是不可能获得任何成功的。不论什么时候、什么时代，各项事业都是苦干实干干出来的，是真干快干干出来的。就职场而言，苦干实干永不过时，永远是走向成功的最好方法。

　　稻盛和夫曾说："只有极度认真工作，才能扭转人生。"这种"极

第四章 以工作唤醒使命，让平凡的工作闪耀光芒

度认真"的状态指的是愿意牺牲自己的时间去工作，哪怕辛苦，哪怕薪水不多也没关系。吃苦耐劳从来都是衡量一个人能否成为可造之才的标准。吃不得苦的人，往往承受不住生活的压力，不愿意吃苦的人，一定守不到荆棘路后的花开。人生总是跌宕起伏的，不经过山重水复，决不能体验柳暗花明。职场上很多人，脑子灵活，能力不一般，做起工作来也很有效率。平时工作不忙时大家都认为他是一个不错的人，很受欢迎。但是一到工作忙，需要加班的时候，总是见不到他的踪影。"做足八小时，至于加班，除非加工资。"赤裸裸的对白，表明了他的态度和立场。最近看过一篇文章，题目是《那个从来不加班的年轻人最近如何》，文中写的就是这类人。他们有能力，有理想，有抱负，就是不愿意加班。公司一提到加班他们就来气，只要有加班他们就跳槽。结果跳了几十家，没有哪一份工作是从来不加班的。于是他们心灰意冷，放下那些曾经的远大理想，混着自己都瞧不起的日子。对于很多年轻人来说，一个劲地加班，一个劲地埋头苦干，不是他们想要的风格，工作轻松又能赚钱，那才是美好的结局。可惜这种结局没有结局。幸福从哪里来？从辛勤的劳动中来。没有劳动，何来收获？有的人一辈子都在埋怨工作太辛苦，挣钱太少，一辈子都在羡慕别人生活质量高，总有花不完的钱，却从来不愿承认这些成就是别人通过辛苦的努力得来的。

  天上不会掉馅饼。因为不愿意吃苦，所以得不到更多的财富；因为得不到更多的财富，日子就过得清贫；因为守不住穷，一生都在忙碌中寻找、奔波、辛苦。原本是不愿意让自己辛苦才四处奔波，没想到越是这样，日子过得越辛苦。当我们初入职场的时候，可能工作量确实比别人多一些，因为自己什么都还不会、不懂，我们需要多学、多练；工资也确实没有别人的高，因为我们创造的价值不如别人高。这时如果我们能够以平常心来对待工作，正确对待自己的不足，把眼光放长远，以良好的心态去吃苦，去努力，不久我们就可以和他人一样拿着高薪水了。

价值与付出通常是成正比的，没有付出，当然就没有价值。如果我们总是一味地盯着薪水，不想过薪水低的穷日子，那么无论怎么跳，都跳不出穷困的魔咒。

一步登天都是传说，现实中根本不存在。那些虚无缥缈的想法可以当成梦，但不能当真。脚踏实地地做好每件事、认认真真地付出每一天的辛勤劳动才是硬道理。有些人做了一点点事，取得一点业绩就开始跟老板谈条件，就觉得做了了不起的事业，就值得拥有荣华富贵。职场竞争是残酷的，也许你在跟老板讨价还价的时候，早已经有比你更优秀的人盯上这个职位了，你稍懈怠，职位便拱手让人。斤斤计较并不招人喜欢，有没有能力，价值多少，老板心中早有定论，不用你嚷嚷。先做好每一件事情，打好基础，增强实力，让自己有了说话的权利再来讨论公平。没有人永远会贫穷，也没有人会永远富足，拉开贫富差距的是努力的程度。贫穷只是因为你还不够努力。当你做到无人代替的时候，你渴望的一切自然会到来。

2006年7月1日，安徽省合肥市三县四区的党委换届工作结束。由于此次换届工作中党政领导职位被大量精简，因此时任合肥市瑶海区区长并连任瑶海区区委副书记的王广玉在接受媒体采访时，连称"肩上的担子更重了"。作为区长，王广玉给瑶海区的未来勾画了美好的蓝图：要将瑶海区打造成现代化制造加工区、省城商贸物流集聚区和旅游休闲区，构建"生态瑶海"。

王广玉的蓝图还在酝酿阶段便终止了。换届工作结束一周后，王广玉从延安考察回来，刚走进办公室，他就被安徽省纪委的办案人员带走了。王广玉因涉嫌犯滥用职权罪、受贿罪，2006年7月12日，安徽省检察院决定对其依法立案侦查。

第四章 以工作唤醒使命，让平凡的工作闪耀光芒

根据王广玉的交代，侦查人员从其办公室书橱里，搜出了他以多个户名分别存入合肥市建设银行、工商银行、徽商银行等金融机构的存款、国债等，共计371.37万元。

2006年7月19日上午，经安徽省检察院决定，王广玉被刑事拘留，并于同年8月1日被逮捕。此时，王广玉担任合肥市瑶海区区长还不到两年时间。

出身农家的王广玉大学毕业后就进了县委机关。其后，无论是当计委主任，还是当财政局长，王广玉都经常提醒自己，一定要把握好自我，不能在权、钱、色上出问题。

然而，随着职务的升迁，王广玉的思想开始发生变化。在2000年9月担任肥东县委常委、常务副县长后，他的应酬多了起来，经常被一些老板约出去吃饭、唱歌。

慢慢地，王广玉开始收受别人送的烟、酒等礼品。他期望自己也能成为千万富翁。

到瑶海区任职还不到一个月，他就迎来了第一个行贿者——静安公司（静安实业集团有限公司）董事长孙斌。

孙斌也是肥东县人，王广玉在肥东任职时，两个人就熟络。2002年11月的一天，在孙斌的办公室，孙斌向王广玉提出，静安公司今后到瑶海区投资项目时，希望得到王广玉的关照。接着，孙斌从抽屉里拿出两万元人民币，说："王书记，听说您小孩刚考上大学，我也没什么表示的，这点心意请您收下。"王广玉笑了笑，把钱收下了。

2003年5月，经王广玉的介绍和推荐，孙斌和安徽省帮才公司（帮才置业有限责任公司）合伙，取得了瑶海工业园区瑶海家园恢复楼项目。为表示感谢，当年5月26日，孙斌在合肥一家五星级酒店宴请了王广玉，并在席间送给王广玉一

张存有近10万元人民币的银行卡。后来，孙斌又分6次向这张卡中存入了120万元。

在接受孙斌巨额贿赂的同时，王广玉还先后3次收受孙斌的合伙人帮才公司董事长许某所送的20万元现金。按照当初的定价，瑶海家园恢复楼项目的价格是650元/平方米。孙斌和许某提出，由于建筑原材料价格上涨，该项目每平方米的价格需要提高60元。王广玉因为收了他们的钱，所以很痛快地批准了孙、许二人提高价格的要求。

据多次提审过王广玉的检察官介绍，王广玉曾说："我是财迷心窍，我和我爱人的工资足够用了，平时也花不了什么钱，但当我看到存折上的数字不断地往上增加时，心里有一种说不出的舒服。看到自己的财产和那些家产上千万的老板越来越接近，我的内心就会有一种满足感。我爱钱都爱得变态了。"

正是在这种"变态"心理的支配下，王广玉在各个领域"出售"自己的权力。王广玉捞钱捞得太投入，以至于就在他被"双规"前的20天时间里，他还收受了6个人所送的15.8万元人民币。

"既使你不能顺着正道直路做到不平凡，也不能为了要不平凡而去走邪门歪道。"曾有人早就规劝，可偏偏还有人以身试法。穷与富从来就没有比较的标准，标准在各人的心里。当你觉得你的工作辛苦而贫穷的时候，你身后却有更多的人在羡慕你，羡慕你有稳定的工作和收入，羡慕你不用风吹日晒，羡慕你不用到处抱着资料求职。与这些人相比，你还有什么理由不珍惜眼前的工作，还有什么理由抱怨贫穷？吃苦耐劳是奠定人生成功的基石。你想要的工作是轻松又有高工资，企业要人的

第四章 以工作唤醒使命,让平凡的工作闪耀光芒

标准是既要付出多,能吃苦,工资还不能太高。这两种要求截然不同。想要求得工作,是你降低标准还是企业为你留好位子?在企业中,我们要遵守法则和制度,完成领导和公司交给我们的任务,而吃苦耐劳、任劳任怨是我们做好工作的必备条件。你要想有更高质量的生活,就要为公司创造价值,做好吃苦耐劳的思想准备。有任劳任怨的精神才能服从企业的安排,扎根于岗位,在自己的岗位上做出不平凡的成绩。

想吃果子得先栽树,想有芬芳要种花,欲求粮食需种地……任何事物都是先付出再有结果。没有前期的积累和沉淀,怎能坐享后期的果实。吃苦耐劳可能让我们比别人做得更多,付出得更多,但美好的生活是靠我们用双手去争取的。员工付出多少,就会有多少收获。具有吃苦耐劳的精神,是一个人成就事业的条件。"吃得苦中苦,方为人上人",吃苦能带给公司的是业绩提升和利润增长,带给自己的是宝贵的知识、技能、经验和财富。人生中任何成功都不是唾手可得的,不能吃苦,不愿吃苦的人一生都与财富无缘,与成功无缘。

5. 把使命放在肩上,在平凡的岗位上大有作为

人生因无私奉献而精彩。一个人如果能在工作中脚踏实地,埋头苦干,恪尽职守,认真做好岗位上的每一份工作,每一件小事,遇到问题从不推脱,遇到困难从不退缩,那么即使岗位平凡,你也可以不平凡,也可以大有作为。将工作的承诺落到实处,将平凡事业坚守,用肩膀扛

> 立足岗位
> 干好本职工作

起工作的使命，人生将会变得不同。大多数人的岗位都是平凡的，这看起来似乎没有什么大作为的可能。但是当你真正把自己融入工作，即使是默默无闻，做着最平凡最不起眼的事，只要你做得一丝不苟，就一定能大有作为。因为平凡与伟大是相辅相成的，不经历平凡就不能成就伟大。光辉的业绩需要平凡人创造。平凡是一切伟大事业的起点。

从车间一线工人，成长为公司的技术骨干、南京市十佳农民工、全国优秀农民工，再以农民工的身份成为党的十九大代表，乐金化学信息电子材料有限公司偏光板合板室班长王蕾的成长路径，正是时代发展的生动写照。1981年，王蕾生于南京市栖霞区靖安镇孔田村一个普通的农民家庭。2004年高中毕业后，她来到位于南京经济开发区的乐金化学上班，和偏光板打了13年交道，对整个生产流程熟稔于心。她告诉记者，偏光板说起来是"板"，实际上是张厚度只有0.2毫米左右的薄膜。少了这张薄膜，手机、电脑等的液晶显示屏将无法显示图像。目前乐金化学生产的偏光板，在国内市场的占有率遥遥领先。

王蕾的第一个岗位是偏光板检查室，每天要从成百上千片的偏光板中挑出不良产品。产品不良现象有千万种，要保证不良产品的零流出，必须"熟练到扫一眼就能看出不良问题"。王蕾每天仅有1小时休息时间，除去吃饭就是在车间不断练习，一天近9个小时坐下来，往往肩酸背痛。入职第二个月，王蕾的检查量就从400多片提高到600多片，并取得检查员资格。此后，她多次被评为优秀员工，并先后升任组长、班长。

2008年，手机普及率越来越高，适用于手机、手表屏幕的超小型偏光板市场不断扩张，而国内的生产尚未起步，筹建

第四章 以工作唤醒使命，让平凡的工作闪耀光芒

超小型偏光板新项目迫在眉睫。创建一个新项目，需要一个不仅技术过硬，而且能带好团队的职工，领导一下想到王蕾。王蕾被派到韩国学习两个月后，成了新项目的班长。从最初只接触检查这一道工序，到需要掌握偏光板6道生产工序，要学的东西太多，王蕾常感到时间不够用。最初项目组的产能只有200多万张/月，远远满足不了市场需求。那段时间，她没日没夜地与现场操作员一起作业、讨论，一有空就自己上机操作试验，最终发明叠加裁切法，将原来每次只能裁1张膜变成裁4张，速度与产能提高3倍，最终项目产能提升为每月1000多万。

2010年，手机、iPad等数码产品开始出现屏幕无边框的趋势，为满足客户对产品洁净度的新要求，王蕾研发出全新的"无接触式"包装工具，以"骨架式"包装替代原先的盒式包装，最大程度保证产品表面的洁净度。公司领导评价道："起初还担心把一个新项目、上百号人交给一个小姑娘不行，实践证明，她干得很好！"这段经历让王蕾坚定了一个想法——只要肯埋头努力，普通工人也可以大有作为。作为管理人员，除了在车间指导监督员工安全操作，王蕾常会挤出时间亲自操作机器"练练手"。在公司举办的技能大赛中，即使跟一线工人比拼，王蕾的成绩也名列前茅。"自己技术过硬，指导别人也更有底气！"

业务能力强、热心肠，是同事对她最多的评价。外地员工来上班，王蕾动员亲戚帮忙租房子；为解决哺乳期女工的喂奶难题，她发起建立的母婴室成了南京全市的示范点……大到公司的规章制度、安全生产，小到班车站点设置、食堂卫生，员工们都会找她帮忙。曾有些家住六合区的员工找到王蕾，抱怨

立足岗位
干好本职工作

  班车站点设置不合理，要坐一段公交才能赶到。王蕾了解后得知，遇到此类问题的员工有100多名。为此，她利用业余时间挨个打电话搜集确认员工的住址、号码、工号等信息，最终做成统一的表格发给工会。经过王蕾的反复申请，最终新的班车站点顺利开通到员工的家门口。

  今年7月，听说王蕾当选十九大代表，闻讯而来的亲人纷纷向她表示祝贺。"大家都觉得家里出了一个党代表，非常光荣！"高兴之余，王蕾感到肩上沉甸甸的责任：能当选党代表，不容易；要当好党代表，更不容易。她心里清楚：当好党代表，更多的功夫，要花在会场之外。

  为准确传递基层心声，王蕾花两个多月走访调研本企业和周边公司员工，深入了解一线工人的需求。"大部分问题都是关于家里的'一老一小'：老人看病难，涉及到不同性质的医疗保险，报销很麻烦；孩子上学难，尤其外来务工人员的子女，得不到均等的教育机会……"她通过上网查资料和实地调研，全面了解上面的情况。"我会把一线员工的合理诉求都带到十九大上。"

  平凡的人，平凡的岗位，真正的大有作为。能够成为一名党代表，能够把基层的心声传递到十九大上，这不是一般人能有的荣誉。但是王蕾除了工作努力、踏实、刻苦钻研、肯付出、愿意在工作上花心思，她又与其他人没有不同。作为一线员工，她的使命是保证工作不出错；作为技术骨干，她的使命是带领更多的人成为像她一样的人；作为党代表，她的使命是为老百姓传递心声……无论哪种身份，她都做到了不平凡，做到了大有作为。可见，在平凡的岗位上大有作为并不是神话，没有什么不可能。在许许多多的平凡岗位上，每个人都是普通的一员，但

第四章 以工作唤醒使命,让平凡的工作闪耀光芒

是能不能在普通的岗位上做出成绩,能不能大有作为,则是看每个人对其工作使命的认知与行动。时刻把使命扛在肩上不断激励自己的人,才有生活目标,才有发展的明确方向,才能一步步走向辉煌。

2016年7月,因为一段视频,杭州一名叫礼为奇的协警成为了"世界网红"。视频中,协警礼为奇发现路面有一条裂缝,于是立即疏导交通、围上路障。4分钟后,路面塌陷,恰恰就在路障范围里。礼为奇的认真负责,避免了人员车辆损失。国外的一家媒体称赞礼为奇为"中国英雄交警",视频被发至社交媒体后,不到一天浏览量就达320万次,7.2万多名网友点赞。

敏锐的观察,精准的判断,有条不紊的指挥,我们被礼为奇娴熟的工作技能折服,被他对工作高度认真负责的态度吸引,也赞叹他的业务素质之高,能力之强。然而,面对突如其来的赞叹和美誉,礼为奇却用"过了"两个字来回应,显得质朴而又腼腆。礼为奇的领导这样介绍他:"平常不管刮风下雨,礼为奇总是提前到岗,很多时候主动要求加班,等所有路口都正常了,他才回家。"如果说"提前到岗,主动加班"是一种态度,"所有路口都正常了,他才回家"是一种使命,那么,用锥筒准确框出塌陷区域就是他厚积薄发所形成的工作能力。一名普通的协警,一个平凡的岗位,"网红"礼为奇给了我们一个并不普通的答案——平凡的岗位也能绽放光彩,小岗位也有大作为。

"苔花如米小,也学牡丹开",初心就是情怀,使命就是担当。把责任扛在肩上,把行动落实在每个细微之处,落实到自己的工作岗位中,兢兢业业、踏踏实实,以一种主人翁的境界和精神承人难承之重,

立足岗位
干好本职工作

挑人难挑之担，有了这种精神，何惧一路上的风雨险阻？苏格拉底曾说"每个人身上都有太阳，只是要让它发出光来。"平凡的岗位上确实没有耀眼的光环，也不可能有太多的人去时刻关注。我们能做的，就是让自己身上的太阳发出光芒。

【第五章】

忠于工作,把忠诚敬业作为自己的使命

　　作为员工,忠诚敬业就是自己最根本的使命和责任。忠诚敬业就是在工作中要兢兢业业,认认真真,一丝不苟,追求完美。把忠诚敬业当成自己的使命的时候,工作便无小事,更无难事,每一个人都会成为优秀员工。

立足岗位
干好本职工作

1. 忠诚敬业，做最优秀的员工

　　索尼公司有这样一句话："如果想进入公司，请拿出你的忠诚来"。这是每一个意欲进入索尼公司的应聘者最先听到的一句话。索尼公司认为：一个不忠于公司的人，再有能力，也不能录用，因为他可能为公司带来比能力平庸者更大的破坏。随着社会竞争越来越强，竞争方式的日益多样化，忠诚，已经成为人才的第一竞争力。人才竞争已经从单纯的技能竞争，转向了品德与技能两方面的竞争。忠诚是竞争力和凝聚力，员工的忠诚表现在工作中就是工作能力强，效率高，服从安排，爱岗敬业。只有忠诚的人才会在工作中踏踏实实，只有热爱自己工作的人才会有创造力，才会有生产力。具有忠诚与敬业品质的人，一定是优秀的员工。

　　一个人是否具有敬业的品质，最直接的表现就是他是不是对企业和自己的工作忠诚。对企业忠诚的人热爱自己的本职工作，安心于本职岗位，稳定、持久地在工作岗位上耕耘，恪尽职守地做好本职工作。一个敬业的人，能够充分认识本职工作在社会经济活动中的地位和作用，认识本职工作的社会意义和道德价值，具有强烈的职业荣誉感和自豪感，在职业活动中具有高度的劳动热情和创造性，总是以强烈的事业心、责任感从事工作。很多企业，在招聘时会通过各种形式测试应聘者的忠诚度，如果被认定是忠诚度不够，哪怕你拥有再渊博的学识、再高的智商

 **忠于工作，把忠诚敬业作为自己的使命**

和学历、再多的发明专利，都不可能被聘用。越是能力出众的人，越是需要对企业有着高忠诚度，因为一旦这样的"能人"背叛企业，企业遭受的损失将无法估量。忠诚度高的人，在为企业带来效益的同时，也能够为个人的发展创造机会、找到适合自己的舞台。对公司忠诚，实际上是对自己职业的忠诚，也是对自己人生的高度负责。每个人都需要工作，工作是我们幸福生活的来源。而企业是为我们提供工作，体现我们工作价值的平台，从这个意义上来说，忠诚企业其实也是忠诚于自己。

忠诚敬业的优秀员工一定是有强烈责任心的人。在企业中每一位员工都在不同时间、不同地点，扮演着不同角色，而每一个角色都意味着不同的责任。员工对企业的"忠诚度"首先就应表现为对本职工作是否能做到"尽职尽责"。责任心是我们工作中克服诸多困难的强大精神力量。许多人把应该承担的责任推给领导，认为自己只是公司里一个小小的职员，并没有什么权力，也不必去承担过多的责任。当出现问题时，他们总是避而远之。这是一种长期以来养成的坏习惯，这种坏习惯不仅让这种人一事无成，有时候还会让公司蒙受不必要的损失。担当责任是一个人分内的事，是做好应该做好的工作，承担应该承担的责任，完成应该完成的使命。责任心是一种很重要的素质，是作为一名优秀员工所必需具备的。责任心对于一个人来说是极其重要的，梁启超曾说过："凡属我应该做的事，而且力量能够做到的，我对于这件事便有了责任，凡属于我自己打主意要做的一件事，便是现在的自己和将来的自己立了一种契约，便是自己对于自己加一层责任。"这是忠诚于自己、忠诚于自己的信念的表现，从员工的角度而言，有了忠诚度，便会加倍在自己的岗位上努力，做出更多的成绩，服务于企业，奉献于社会。责任是人的生存之本，任何人做事都需要担负责任。企业要发展、要壮大，就必须要有一批爱岗敬业、忠于职守，不墨守成规，富有创造力，从内心把企业当成自己家的有责任感的员工。

立足岗位
　　干好本职工作

　　忠诚敬业的优秀员工无论走到哪里都会顾全公司形象，都会严守公司机密。忠诚于自己的职业，就会忠诚于自己的企业。当一些特殊的人才被用到特殊的岗位时，他们得到的不仅是丰厚的物质财富，还有公司对他们的绝对信任。所以优秀的员工一定会严守公司的机密，从来不会为了个人利益而出卖公司的任何信息，哪怕这些信息对公司而言并不是很重要。出卖公司信息，不仅损害了公司的财富，同时也会严重损失公司的形象，让同行瞧不起自己的公司，让公司在业内难以立足。那些招聘人才时首先考察忠诚度的企业正是基于对自己公司的安全考虑。公司的点滴信息都属于公司财产，就像自己身上的器官一样，爱自己，就一定会维护它们的安全，同时维护公司的形象。

　　忠诚敬业就是要为公司创造最大利润。利润是决定一个企业命运的重要指标之一，而企业的利润正是由员工所创造出来的。员工为公司创造的价值多少来自于工作效绩的高低，这也是员工自身价值的一个重要体现。不管你能力有多强，学历有多高，如果不能为公司创造相应的价值，你就不是优秀的员工，你就是公司里那个"吃闲饭"的人。资历只是从一个侧面反映出你的入职的年限，阅历也只是反映出你的从业经历，而真正价值的体现靠的是实力，直接反映为其所拥有的工作绩效，也就是创造利润的多少。当你能力所及时，面对某一项工作任务就要全心全意去付出，收获最完美的结果，这样你就是为公司创造了最大的价值，也就是为公司赢得了利润。赢得利润虽然不是企业的最终目的，但却是必不可少的条件，没有利润，企业将无法支撑，没有利润，员工也会失去收入。不要认为你的岗位普通，对于整个公司来说微不足道，正是因为有人在无数个微不足道的小岗位上努力付出，才能让公司发展壮大，才能让企业具有竞争的实力。

　　忠诚敬业的人会绝对服从与执行。"员工的天职就是服从和执行"，执行与服从的综合表现就是一个员工的忠诚度。换句话说，看一个员工

第五章 忠于工作，把忠诚敬业作为自己的使命

的忠诚度有多少，只要看他是否绝对服从以及服从后的执行能力有多强就可以了。所有企业都需要那种懂得服从的员工。只有懂得服从，企业的制度才能得以实施；只有懂得服从，我们才能养成立即执行的良好习惯。对于员工而言，企业是根之所在，企业的凝聚力、向心力作用于每名员工。没有企业的良好发展，就没有员工施展才华的平台，每名企业员工都应立足本职、爱岗敬业。只有大家共同奋斗、齐心协力，企业才会兴旺发达，进而为员工提供更多保障。职场之所以会有上下级，是为了保证团队工作的开展。上级掌握了一定的资源和权力，考虑问题是从团队角度考虑而难以兼顾到个体。尊敬和服从上级是确保团队完成目标的重要条件。有人说："要成为一个成功的领导者，先要学会被领导。"被领导最主要的表现方式就是上级吩咐，下级服从。对于一名员工来说，服从应该是一种职业习惯。服从指挥，忠诚企业，要求我们和企业融为一体，赤诚无私，以企业的利益为重，不生贪念；要求我们无论领导在不在场，都要有爱岗敬业的精神，对工作认真负责；要求我们从身边点点滴滴的小事做起，任劳任怨；要求我们任何时候都努力工作，不找借口。员工对企业的忠诚度，是在员工与企业共同合作、发展过程中逐渐建立起来的，而不是一蹴而就的，这种忠诚不是企业所要求或规定出来的，而是在彼此忠诚的基础上逐渐产生的。在忠诚的表现形式上，服从很重要。没有服从，任何指令都只是一张废纸一句空话；没有服从，企业的一切规章制度也都只是摆设。员工忠诚能给企业带来明显的效益，它不仅有助于增强企业凝聚力、提升企业战斗力、降低企业管理成本，而且有利于推动企业文化的形成，从而为企业创造更大的物质和精神财富。服从是优秀员工必备的品质。是一个人做事时所表现出来的敬业精神。服从背后所表现的，是对企业的忠诚，是一种美德，是事业成功的基石。员工进入企业后，就与企业成为了一个共同体，企业的发展，需要依靠员工的成长来实现；而员工的成长又离不开企业这个平

台。员工是否具有良好的服从态度，是企业良性发展的重要因素。遵守企业规则，不损害企业利益，把企业的事业当作自己的事业来做，努力培养忠诚敬业的精神是员工义不容辞的责任。有了服从，执行才会有力，才能到位。不管企业的决定是否会影响到个人利益，我们第一要做的就是服从与执行。我们要相信公司不会轻易做出毫无理由的决定，也不会明摆着伤害员工的利益。在你看来不合理的决定，也许对于整个团体是有利的。这就需要我们舍小利，顾全大局。员工的服从精神对于企业十分重要。只有每一位员工都绝对执行上级的命令，才能够保证整个企业的有序发展，也才能够让每一位员工的能力得到充分发挥。为了实现这一点，员工就要把服从命令放在第一位，而不是时时加入自己的评判。员工一旦身处某个职位，就要做好这个职位上的工作，如果你总是在工作中我行我素，那么你就不可能在自己的位子上停留很久，更不要说什么个人发展了。服从意味着要时刻把企业的利益放在第一位，甚至要牺牲个人的利益来促进企业目标的实现。

忠诚是一条双行道，你对企业付出一分忠诚，企业将回报你一分信任。不管你的能力是强是弱，只要具备了忠诚敬业的品德，你就会把岗位工作当成生命中最重要的使命，去努力完成它。同时，你也就是最优秀的员工之一。

第五章 忠于工作，把忠诚敬业作为自己的使命

2. 热爱工作，对工作倾尽全力

工作中我们常听到一句话"有多大劲就使多大劲"，这句话的内涵就是"倾尽全力"。当我们因为各种原因涉足某一个行业后，我们就要倾尽全力去做，这样才算是称职的员工，才会有所作为。有人提出了一种热爱工作的方法，那就是设想你每天工作的八小时，就像和你的恋人在一起，该是一件多么惬意的事情！带着这样的心理去工作，你一定会倾尽全力，一定会热情高涨，一定希望比谁都做得好。做好自己的本职工作是我们工作生涯中一个永恒的主题，无论从事何种职业，无论职位高低，无论收入多少，都与爱岗敬业不冲突。只有做到干一行爱一行，热爱自己所从事的职业岗位，才能创亮点、出业绩。做好本职工作是一个人最基本的职业道德。只有在工作中具有饱满的工作热情、认真负责的工作态度、勇于奉献的工作精神和乐于创新的工作意识的人，才是真正爱岗敬业，忠于企业的人。他们在岗的每一分每一秒都在倾尽全力，他们做每一件每一桩事情都认真细致。他们可能是职场中最不起眼的，但他们却是职场中成长最快，作出贡献最多的。

就成功而言，敬业是基础，乐业是前提，勤业是根本。热爱自己的工作，就是要从现实做起，从小事做起，从平凡的岗位做起，勇于主动承担工作责任，不知难而退，尽心尽责。如果我们是敬业的人，就能从工作中得到比别人更多的经验，而这些经验便是我们在职场生存和发展

的资本。如果我们倾尽了全力，就会比别人做得更好，创造的价值更多。

　　心态决定状态。无论从事任何工作，首先要抱着认真负责的态度把它做到最好，学会享受自己的工作，同时享受自己的生活。很多人在初入职场时信心百倍，大有不做出成绩决不罢休的雄心壮志，然而工作并不是他们想象的那么简单。从新鲜到枯燥，从枯燥到讨厌根本不需要太长的时间，于是他们开始认为自己的选择有错误，认为自己每天都在做着毫无价值与意义的事情，开始寻找自己真正喜欢又适合的事情。这其实是心态出现了问题。一个人如果愿意主动去调整自己的心态，就算这份工作不是很喜欢，但还是会做得很好，而做得越好，兴趣就会越浓，乐趣就会越多，就会爱上自己的工作，会为它着迷，会为它倾尽全力。不喜欢自己的工作是大有可能的，但改变心态，从不喜欢到喜欢到热爱也是完全可能的。当你怀着热情去工作时，上班工作就不再是一件苦差事，你会凭借这种热爱去发掘内心蕴藏着的活力、热情和巨大的创造力。事实上，你对自己的工作越热爱，决心越大，工作效率就越高。

　　肖卿福，男，66岁，江西省赣州市于都县皮防所支部书记、皮防科科长，一位麻风病医生。肖卿福1974年从卫校毕业后，走上麻风病防治的岗位，和麻风病打了40年的交道。他独立确诊、治疗麻风病新发、复发患者300多人，矫正康复手术100多例，从未出现过医疗事故。他做好麻风病防治工作的同时，还利用各种机会宣传麻防科普知识，到全县各医疗单位进行皮防知识讲座近百次。经过肖卿福和同行的共同努力，于都县安背村的麻风病患病率从1966年的10万分之23.5下降到2009年的10万分之0.5。2010年，贡献突出的肖卿福荣获了麻风病防治领域的最高奖——马海德奖。

第五章 忠于工作，把忠诚敬业作为自己的使命

消瘦的脸庞，斑白的头发，炯炯有神的目光……这是肖卿福留给记者的最初印象。1974年，20岁出头的肖卿福从赣南卫生学校毕业，被分配到于都县皮肤病防治所。得知肖卿福是从事麻风病防治工作时，亲朋好友都表示反对。但是，肖卿福还是背起药箱，走进了黄麟乡安背麻风康复村。"第一次进村，我害怕得一夜未睡，连床都没敢碰。"回忆起当年的情景，肖卿福记忆犹新。第一次接触麻风病人的肖卿福要"全副武装"才敢接近病人。接治的第一个麻风病人是畸残患者，老人治愈后双手双足成爪形，行动不便。看到老人的艰难，肖卿福暗下决心，要用自己全部的心血去帮助麻风病人。"要治病，先得走进病人心里。"肖卿福说，要把患者当亲人，想办法消除他们的心病，取得信任，配合治疗。他经常一个人独自行走在崎岖的山路上，穿梭于村落和田垄间，一路随访病人，经常十天半个月回不了家。24小时不关机，手机随时为患者开着，随行的药箱总要放在身旁，这已成了肖卿福的习惯。

1998年夏，一位新入院多菌型病人钟某服药一月后突发全身大疱性表皮松解症，全身皮肤呈现"熟牛肉状"，依病情必须转入上级医院治疗，未能如愿。肖卿福在所领导及上级医院的支持下，带领同事们入住麻风康复村，实行医、护、清洁消毒三管齐下，历时40余天，终于将该患者从死亡线上拉回。

1995年冬的一天，肖医师步行往返40余华里去随访一中年愈后妇女。该妇女丈夫因病已故，她只身带着一对幼年小孩，而且左足严重内翻导致外踝着地形成复杂性溃疡，毫无自食其力的能力。她见肖卿福到来，双眼含泪，下跪叩头，恳求肖卿福能否设法帮忙。肖卿福回所后向有关领导作了详细汇报，提出了自己的想法和建议，经多方协调，请求报告，将该

患者收入康复村养老，小孩移交亲朋抚养，费用由县、乡民政解决。一年后肖卿福主刀为该患者免费做了截肢术，并安装了假肢。后来这位患者与村内一男性留院养老者喜结良缘，被传为佳话。

肖卿福在平凡的工作中善于积累经验和丰富专业知识，医风严谨，责任心强，已独立确诊新发、复发病人300余例，为赣州市18个县（市）畸残麻风病人施行康复矫正术200余例，从未出现医疗差错事故。

"他把自己的青春奉献给麻防事业，也把爱心给了那些麻风康复人员。"于都县皮防所所长谢贵春告诉记者，肖卿福也有多次机会可以调整工作岗位，但他最终都选择了坚守。如今，已退休的肖卿福本来可以安享晚年了，他却再次选择了留下。66岁的肖卿福依然像"村长"一样守护着康复村里的麻风病患者，从早到晚，忙碌不停，从未误过对病人的治疗。2014年3月，中国麻风防治协会"麻风受累者综合康复救助示范项目"在这里启动。如今，村里办起了脐橙园、杨梅园，还种起了水稻、蔬菜，养了鱼和猪，大山中经常可以听到村民劳作时的爽朗笑声。面对各种赞誉，肖卿福很知足，也很平静。他说："我只是做了一点力所能及的事，还会继续在这条路上走下去。"

任何一个行业有这样为工作倾尽全力的人，都是企业的福气，是社会的福气。40年如一日，无怨无悔地一条道走下去，除了对工作的热爱，对使命的忠诚，我们找不到第二种说法。"选择你所爱的，爱你所选择的。"作为一名员工，如果我们不能选择自己所爱的，能够爱上自己所选择的，也是一种超然，是一种自我挑战的成功。如果有人问你：

 **忠于工作,把忠诚敬业作为自己的使命**

"你为企业的发展做好准备了吗?"或许你会说你只是最平凡岗位上的一员,对于这个大企业来说,你什么事情也做不了。其实不是,企业的发展需要每一个员工的共同努力来完成。我们确实都是在平凡的岗位上,但企业正是由千千万万个平凡岗位支撑起来的。因为我们忠诚自己的工作,对工作一丝不苟,因为我们忠诚于企业,把个人的利益与企业的利益相统一,处处为工作着想,时时替企业分忧,我们才能与企业共进退。热爱我们的工作,我们离理想实现就不远。理想促使我们不断努力,使命让我们对工作认真,而技能可以让我们创造更多的价值。热爱工作还要求我们安于平凡。不要因为自己的职位低,岗位不重要而懈怠。企业里没有不重要的岗位,只看你如何对待。每一个岗位都可以创造出不平凡的业绩,每一个岗位的失误都有可能造成企业的损失。对个人而言,无论从事哪个行业,也不论是公司的高层还是普通员工,千万不要看不起自己和职业,如果对自己的工作没信心,认为那不是一种好的职业,无疑是给自己成功的道路设了一道障碍。只有主动积极地工作,才能为自己的职业发展赢得一个好的开端,做一个好的铺垫。热爱自己的工作,并用尽全力去打造它,它会给你带来不一样的人生。

对工作倾尽全力并不是说一定要做出多大的成绩。有些人能力很强,对企业也作出了不少的贡献,成绩都摆在那儿,但他并没有倾尽全力,而有些人成绩并不显著,却使出了浑身力气。所以倾尽全力虽然与成绩有关系,但不是绝对的。我们在工作中不要因为一时没有成绩就否认他人的付出,更不要因为别人比自己有了成绩就认为他们是倾尽全力了。倾尽全力是一种态度,是一种作风,也是一种人品。倾尽全力工作的人是把工作当成事业的人,是始终一丝不苟,不言放弃的人。他们是优秀的,是值得企业重用和信任的。

立足岗位
干好本职工作

3. 像钉子一样钉在自己的岗位上

比利奇说:"我从来没想过要离开。有生之年,我都不可能离开。这是我的工作,尤其是在一个地方做着我喜欢的工作。这是除了我的家乡之外,对我而言,另外一个特别的地方。我曾在这效力。我需要它吗?我们不要那么黑暗。这是一份伟大的工作。"比利奇,前克罗地亚足球运动员,现担任英超西汉姆联足球俱乐部主教练。从这段话我们可以看出,他是打算把一生的时间都奉献给西汉姆,把自己像钉子一样钉在了自己的岗位上。职场中总有一些人,始终走在工作的前沿,他们在自己的岗位上默默无闻,一守就是几年甚至几十年,虽然没有做出惊天大业,但为他人服务,为企业效力,他们乐意,他们满足,他们同样找到了人生的乐趣。他们增加了阅历、增添了工作的经验,他们从不计算自己的付出与得到是否成正比。他们不管别人用什么眼光来审视自己,只要在岗一天,他们就坚守 24 小时,无怨无悔地奉献自己的力量。这就是他们的人生观,这就是他们的人生目标。

前英特尔公司总裁安迪·葛洛夫在加州大学伯利克大学毕业生典礼上,曾经这样告诫即将走上社会的年轻人:"不管你在哪里工作,都别把自己当成员工——应该把企业看做是自己的。"也就是说,在哪里工作都要有主人翁的精神,视岗位为自己的事业,否则你永远是个局外人。"如果你是一滴水,你是否滋润了一寸土地?如果你是一线阳光,

第五章 忠于工作，把忠诚敬业作为自己的使命

你是否照亮了一分黑暗？如果你是一粒粮食，你是否哺育了有用的生命？如果你是最小的一颗螺丝钉，你是否永远坚守在生活的岗位？"这是雷锋战士在日记中的一段话，告诉我们无论在哪个岗位，无论做着什么样的工作，都要发挥最大的能力，做出最大的贡献。时隔多年，钉子精神再次被人们提到工作中，被人们称颂与提倡。2013年2月28日，习近平总书记第一次对钉钉子精神进行了详细阐述：我们要有钉钉子的精神，钉钉子往往不是一锤子就能钉好的，而是要一锤一锤接着敲，直到把钉子钉实钉牢，钉牢一颗再钉下一颗，不断钉下去，必然大有成效。如果东一榔头西一棒子，结果很可能是一颗钉子都钉不上、钉不牢。此后在不同场合，习近平总书记10多次提到钉钉子精神。如果每个人在自己的岗位上都发扬钉钉子的精神，都把自己像钉子一样钉在岗位上，坚持不懈，那我们的企业何愁不壮大，我们的事业何愁不成功？

53岁的公交司机肖之义，上个世纪80年代就已经来到桂林公交集团公司上班。自从1984年成为公交司机以来，肖之义这30年的春节，都是在公交车上度过的。如今，肖之义是桂林12路公交车的一名司机。根据公司的安排，这条线路实行两班倒的工作制，早班是从早上6点到下午2点，晚班是下午2点到晚上11点，每个星期轮换一次早晚班。谈起这30年来在公交车上度过的春节，肖之义感触颇深。他说，平时都是发12台车，到了春节一般都要加开3~5台车，以应对春节巨大的人流。春节期间，走亲访友的乘客增多，街道上的车流、人流也增多，对于他们这些公交司机而言，工作的强度会更大。

肖之义的妻子也是一名公交司机。这些年来，这对公交司机"夫妻档"对于春节的印象，几乎都是在公交车上度过的。

立足岗位
干好本职工作

"有时除夕碰到两个人都上班，下班后回家做年夜饭都匆匆忙忙的。"肖之义说，甚至有时候除夕夜都是在车上过的，一家人都聚不到一起吃个年夜饭。"有时想想，也挺对不住儿子的。大过年的，让他一个人在家。还好这些年他对我们的工作都比较理解，也支持。"肖之义说。虽然30年的春节都是在公交车上度过，有些遗憾和心酸，但肖之义觉得，正是有了他们这些公交司机的坚守，才方便了百姓的出行。

肖之义的老家在江苏省扬州市，家中还有80多岁的父母，3个兄妹也在扬州。这30年的春节，肖之义没有回过一趟老家。"父母也理解我们工作的不易，今年春节真的想回老家一趟。"肖之义说，如果大年初七后能请得到假，他就带上妻儿一起回老家，陪伴父母过一个"迟到"的春节。

这是桂林晚报上曾发表过的一篇文章。公交司机，一个再普通不过的职业，却又是任何城市不能缺少的。他们在岗位上一守就是30年，30年是从人生最繁华到暮年、从英姿勃发到头发花白的过渡。不能与家人团聚，不能过一个安逸年，这些对他们来说都是小事。坚守岗位，把工作做到最好，为更多的人提供更好的服务，这才是他们的追求，才是他们要的人生。钉子一旦被固定在某个地方，就牢牢地立根在那里，虽经多年，器物不毁，钉子就不会坏。爱岗敬业的职工就像这些钉子一样，他们牢牢地守住自己的岗位，不论春夏秋冬，不管岁月几时。作为一名企业的员工，立足本职岗位，牢记新的历史使命，服从领导、服务客户始终是他们坚持的优良传统。干一行、爱一行、专一行，努力成为本专业的行家能手是他们追求的目标。爱岗敬业是一种能力，又远胜于能力。爱岗敬业是一种精神，更是一种品格。

坚守是一份信念。坚守是什么？基本理解是坚决守卫，坚持守护。

第五章 忠于工作，把忠诚敬业作为自己的使命

如何才能做到坚守？这需要一份坚定的信念。我们可能不是英雄，但是立在路边为英雄鼓掌也不失为一种快乐。在人生的道路上，平凡是每个人的必经之路，从平凡走向伟大，在平凡中创造奇迹，才是成功的人生。我们身边有千万份不被人关注的职业，那些岗位上有着无数人在默默地辛勤工作。他们都是普通人，做着普通的事情。比如路边报亭的下岗工人、清扫大街的保洁工、辛苦劳作的建筑工人、骑着单车送快递的信使……这些人坚守在自己的工作岗位，做着自己力所能及的事情，在平凡的岗位上实现自己的人生价值。无论怎么辛苦，无论受多少委屈，他们从来没有想过离开，因为这是他们的事业。

职场中还有一些人，长则半年，短则三五天就开始厌烦自己的工作，就开始"找下家"，想"另起炉灶"。他们之所以会有逃离的想法，无非是一些心理上的原因。比如未获得期望的奖励，与同事、上级发生争执，被人误解，压力太大，工作太累等，他们往往不考虑新工作在哪里，是不是如自己期望般的满意，反正先离开再说。他们也从不考虑自己离开对公司的影响，抱着离开后就事不关己的心态一走了之。很显然这种情况下是很难一下就找到合适的工作的，东窜西蹿，到最后实在没办法不得不屈就某处，从头做起不说，还不一定是满意的工作。很多人在跳槽不久后就大喊上当，因为新工作远远赶不上自己原来的职业，但此时想回头已经不可能了。我们把这类人叫做"折腾型"员工，总是在各行各业中跳来跳去，一晃跳大了年龄，却在哪里都还是个新人。原来的同事一个个升职加薪做得风生水起，只有他，还在原地踏步。

人生很短，根本经不起我们一再折腾，与其寻觅一生，还不如坚守在自己的岗位上。甘愿平凡其实就是不平凡，眼高手低，自以为是的人往往摔得更惨。"用我的辛苦，换来整个城市的清洁，我很知足""我的付出对企业有用就是我的福气"，简单而朴实的话，道出了一个人的工作态度，也道出了一个人的品质。"人生可以平凡，但不可以平庸；

立足岗位
干好本职工作

人生不一定伟大，但一定要崇高。"像钉子一样立足于自己的岗位上，任劳任怨，勤勤恳恳，以奉献之心做工作，以爱岗敬业精神做先锋，我们就是岗位上的英雄。

4.认认真真，杜绝敷衍了事

一个人对待工作的态度决定了他在职场的成功度。对待工作积极还是消极，是上进还是懈怠，将直接影响到自己的工作成绩，也会影响自己一生的发展。有些人看起来每天都在努力工作，但是却一事无成，升职没有他，加薪没有他，评优秀没有他，得表彰还是没有他。是什么原因？因为他一直是假努力，从来没有认真自觉地去工作，始终都在敷衍工作。比如一个人经常加班，看起来很努力，其实他是因为白天的工作做得太少，别人都完成了任务，只有他拖到晚上不得不加班。加班是逼不得已，并不是心甘情愿，所以即使加班，工作任务完成得也并不令人满意。于是年复一年，加班是常态，不被人重用也是常态。这个社会无处不在竞争，如果沉不下心来认真做事，有的人也许能在职场多混些日子，但有的人很快就会被他人淘汰。

也许有的人会认为自己处在一个最普通的岗位上，就算是不努力老板也看不见，对企业的发展也不会有影响，况且在这个最不起眼的岗位上，做再多也还是普通的，不可能有大作为，于是对待工作敷衍了事，得过且过，不求出业绩，但求无过。其实任何小事都不是孤立的，都和

第五章 忠于工作,把忠诚敬业作为自己的使命

大事联系在一起。大事是由千万件小事的成功组合而成的,把小事聚拢便成了大事。做好小事是完成大事的基础和前提。小事做不好,有可能影响大事的发展。在工作中如果采取敷衍的态度,就可能会因为一件小事而毁掉整个大事的布局与计划。如果用心去做,一件看起来微不足道的小事,或者一个毫不起眼的变化,就可能实现工作中的一个突破。小事大事时时相关,处处相连,没有一件小事可以小到被忽略,也没有一件大事不是依靠小事而成。一辈子总是在做小事却没有促成大事,是因为对小事没有认真、用心地去做。生活就像是一面照妖镜,你以为敷衍工作没有人知道,其实到任何时候它都能照出你原本的模样。不要企图在工作中耍小聪明,也不要以为敷衍后的结果与自己无关,很多时候,你敷衍的不仅是工作,也是自己的人生。

一个人对待工作的态度是一个人综合素质的表现,如果态度出问题,那么即使学问再高,本领再强,技术再专业,也是一个不受欢迎的人,是一个不能成大事的人。公司不会重用这样的人,同事也不会喜欢他。

在现实工作中,你是否曾因为同事责任心不强导致工作损失而烦恼?你是否曾因同事之间、上下级之间相互抱怨、推卸责任而叹息?他们在工作上避重就轻、逃避责任、粗心大意、漫不经心,抱着差不多就行了的思想,最后出现工作上的失误,造成各种严重后果。这种人是公司的绊脚石,会被工作积极的人瞧不起。谁都知道,不改变观念,他们注定一事无成。

我们经常听到老板这样鼓励员工:"认真干吧,把你的能力都发挥出来,还有更多的重任等着你呢。"老板首先强调的是认真二字,只有认真干,才能把自己的才能发挥出来。也就是说,不管什么人,不管你的才能有多高,如果不认真,你的才能也只是个摆设,没有任何意义。不管你的资质多么高,见识多么广,文凭多么硬,要想成功,唯一的办

立足岗位
干好本职工作

法就是一步一个脚印，认真踏实地去工作，去做好每一件事。敷衍了事的人往往是"聪明反被聪明误"，与机会擦肩而过。那些所谓的天才，其实只是比别人更认真，做事更踏实罢了。

"粗心、懒散、草率"等这样一些字眼，都是工作不负责任的表现。而由于粗心、懒散、草率造成损失的例子，更是处处可见，不胜枚举。每个企业都免不了有一部分人总是懒散、马虎，不负责任地对待自己的工作，除非苦口婆心、威逼利诱地叫他完成某件工作，否则他们只会应付一下领导，做做样子而已。有的甚至以权谋私，贪污腐败全然不顾企业的损失。这样的人总是会为自己找一大堆理由。比如说"公司给我的待遇太低了""大家都在为自己的腰包而工作，我为什么不能"等。认真，不仅是一种对待工作和人生的态度，它更是一种高等能力，它还是一切能力的统帅。假如缺少了认真，所有的能力都将失去用武之地，一生都要被荒废。一个人的工作态度折射着他的人生态度，而人生态度决定了一个人一生的成就。对待任何工作都尽心尽力，都能出类拔萃的人，会挑更多的重担，会贡献更多的力量，也会得到更多，如财富、知识、机会。

曾有一家服装厂的一名业务员为单位订购了一批羊皮，合同条款本应是"每张大于4平方尺。有疤痕的不要。"然而这名业务员粗心大意，把句号写成了顿号，条款成了"每张大于4平方尺、有疤痕的不要。"结果供货商钻了空子，发来的羊皮都是小于4平方尺的，使服装厂哑巴吃黄连，有苦说不出，损失惨重。

旧金山一位商人给一个萨克拉门托的商人发电报报价："一万吨大麦，每吨400美元。价格高不高？买不买？"萨克拉门托的那个商人原意是要说"不。太高"，可是电报里却漏

第五章 忠于工作,把忠诚敬业作为自己的使命

了一个句号,就成了"不太高"。结果一万吨大麦发货过来,一下就使他损失了几十万美元。

一个老木匠凭着自己精湛的手艺,深得老板的青睐。因为年事已高,他向老板辞职,想退休养老。老板听后,很是舍不得,便请老木匠为他再盖最后一个房子。老木匠在无奈中又盖起了房子,这次他不再那么尽心尽力,而且整个过程偷工减料,很快就盖完了。当他把房子交给老板时,老板对老木匠说:"你为我辛苦干了一辈子,现在退休我也没什么可回报你的,就把最后盖的这所房子送给你,算是我对你的奖励吧!"这时老木匠傻眼了,后悔自己没有用心建这所房子。

这是职场上人尽皆知的几个经典案例。它说明了对工作敷衍了事的严重后果。"损失惨重"的后果不是人人都担得起的,倘若公司具有一定的实力,可能在惨重损失后还能撑得住。倘若撑不住,受害的不仅是公司,还有整个公司的员工。可见凡事都敷衍不得,敷衍就要付出代价,敷衍就会有恶果。对于老板交代的事情,就算你满心不愿意也是要完成的,与其敷衍着不开心地拖延到最后一刻才完成,倒不如换种态度,积极地去准备和沟通来完成任务。这不仅会给老板留下好印象,还会给自己多一些机会。

曾有这样一个故事。一个人工作很努力,每天加班到深夜,周末也要抽出时间工作到凌晨。人们总是在凌晨的时候看到她发的朋友圈"好累,又是一个通宵"。最后一次申请加工资时,她满怀希望,以为自己这么拼命工作,老板一定不会反对,至少也要有点同情心吧。但没想到人事部毫无考虑地拒绝了她。她很奇怪,走进上司的办公室质问"为什么我这么努力,每天勤勤恳恳加班到深夜,就连周末也很少休息,却不给

我涨工资?"上司回答她:"那你说说,这半年来你的业绩是多少?"她不说话了,她的业绩是办公室里所有人中最低的,远远达不到部门的限额,就连几个新员工都比她业绩要高。上司说"努力并不是公司给你加薪的理由,公司里每个人都很努力,问题是努力的结果呢?加薪的理由只有一个,那就是业绩,用业绩说话,其他的免谈。"她听了上司的话,只能悻悻地离去。

职场很残酷,不是所有的努力都能得到回报。而且为什么她这么努力业绩还这么差?因为这是一种假努力的现象。表面上看起来她确实很努力,每天加班到凌晨,连周末也不休息,可事实上她加班时发朋友圈、写微博、与别人聊天。累了就再发最后一条加班的朋友圈,告诉别人,我很努力哦。这是对工作不负责任,敷衍了事的行为。因为对工作敷衍了事,当然就不会有业绩,没有业绩,领导拿什么来给你加薪?要杜绝敷衍,我们就要从心里去热爱自己的工作,下决心做好自己的工作。只有真正自觉自愿,才能杜绝敷衍了事的行为。一些员工当着老板的面表现得认真努力,一旦老板不在就敷衍了事,能偷懒就偷懒,能减料就减料。明明有明文规定要按时,他们偏偏趁老板不在时迟到早退。他们以为只要老板看不见,对自己就还是好印象。但日子一久,总会有被发现的一天,最后被灰头土脸地赶出公司。这种结局是任何人都不愿看到的。对工作敷衍了事,没有好结果时却又烦恼怨恨,这是典型的不负责任心理,对自己不讲责任,对公司不讲责任。把公司当家,把工作当事业的人绝不会做表面文章,他们准确定位自己的工作,愿意为自己的工作努力,所以他们很少出现差错,就算是有了错误也能及时认错,及时纠正。"海不择细流,故能成其大;山不拒细壤,方能就其高。"员工要做好工作就要用心。"用心的工作"是一种责任,一份良知,是

忠于工作,把忠诚敬业作为自己的使命

自己分内的事,必须尽自己的所能,把工作做好。

敷衍了事的人不只是工作起来效率较低,阻碍了自己发展和进步的道路,而且会给人们留下做事情不负责任、工作粗心大意的坏印象,从而很难获得上司的信任和重用,自然也就无法获得同事的尊重。敷衍工作,实在是摧毁理想、堕落生活、阻碍前进的大敌。失败的最大祸根就是养成了敷衍了事的习惯,而成功的最好方法就是把任何事情都做得精益求精、尽善尽美,让自己经手的每一件事,都有一个圆满的答案。用心工作,最大的受益者是自己;敷衍工作,最大的受害者也必定是自己。大部分人总是渴望得到提升,得到加薪,但却在工作中依旧抱着为老板打工,只是完成任务,甚至敷衍、马马虎虎的工作态度。他们不是不知道职位的晋升是建立在忠实履行日常工作、用心做好每一件事的基础上的,他们只是不愿去努力,不愿用心。

5. 把敬业当成一种习惯

敬业是一个人对自己所从事的工作非常负责的一种态度,也是做好本职工作的重要前提和可靠保障。敬业就是要敬重自己的工作,就是要在任何环境下,把努力认真工作当成一种习惯。敬业与否与从事的工作无关,不管做什么工作,只要有敬业精神,就更容易成功。很多人认为,只要把本职工作做好,把分内事情做好,就万事大吉了。至于那些额外的工作,是需要与利益挂钩的。没有利益、没有好处,加班就十万

立足岗位 干好本职工作

个不情愿。这其实也是不敬业的表现。一般来讲，公司不会安排无故加班，除非是你自己能力不济没有按时完成任务，再有一种可能就是公司确实有紧急的任务需要大家一起来完成。敬业的人对于时间上从来不计较，上班时间与下班时间并没有多大的区别，即使是休假，只要是工作需要、公司需要，照样可以随叫随到。敬业是一种责任，任何时候都坚持立足岗位、脚踏实地、认认真真做好本职工作，哪怕工作再普通，再没有人关注，再辛苦都没有关系，只要在岗位一天，就担负起它的责任。敬业的人会坚持从自身做起、从点滴做起，真正做到干一行、爱一行、钻一行、精一行。他们从来都是"我要做"，而不是"要我做"。我们时常听到一些人说"没办法，这就是我的工作，我必须要为它负责任"。只有爱岗敬业的人才会这样说，才会在实际行动中这样做。他们在平凡的岗位也能创造出不平凡的工作业绩。敬业是一种担当。要以大局为重，脚踏实地、恪尽职守、精益求精，坚持把小事做大，视细节如全局，兢兢业业、敢于担当，扎扎实实做好分内之事。不以客观原因为借口，推诿、偷懒和耍滑头。要做别人不愿意做、不肯做、懒得做的事，并力争把每一件事情做到最好。

许振超，男，出生于1950年，初中毕业。全国总工会兼职副主席。1974年进青岛港工作，曾先后荣获青岛市劳动模范，青岛市优秀共产党员，山东省有突出贡献工人技师，省自学成才先进个人，全国"五一"劳动奖章获得者和全国交通系统劳动模范、全国劳动模范、全国人大代表、全国优秀共产党员等称号，被誉为新时期产业工人的杰出代表。

1974年，许振超初中毕业后到青岛港当了一名码头工人。他操作的是当时最先进的起重机械——门机。许振超勤学苦练，7天就学会，是第一个独立操作的实习工人。然而，会开

第五章 忠于工作，把忠诚敬业作为自己的使命

容易开好难。师傅开门机，钩头起吊平稳，钢丝绳走的是"一条线"；到了许振超手里，钩头稳不住，钢丝绳直打晃。特别是矿石装火车作业，一钩货放下，洒在车外的比进车内的还多。工人们忙着拿铁锨清理，许振超十分内疚。还有，矿石装火车装多了，工人要费不少劲扒去多的；装少了，亏吨，货主不干。为了早日掌握这项技术，每次作业完毕，别人歇着了，许振超还留在车上，练习停钩、稳钩。四五个月后，他开的门机钢丝绳走起来也一条线了，一钩矿石吊起，稳稳落下，不多不少，正好装满一车皮。这手"一钩准"的绝活，很快就被大家传开了。一次，许振超干散粮装火车作业，发现粮食颗粒小，容易撒漏。他便在工作之余吊起满满一桶水，练习走钩头，直至练到钩头行进过程中滴水不洒。再去装散粮，一抓斗下去，从舱内到车内，平平稳稳，又一个绝活——"一钩清"。许振超的活干净利索，装卸工人们二次劳动强度大大减轻，谁都愿意跟他搭班。

1991年，许振超当上了桥吊队队长。他在工作中发现，桥吊故障中有60%是吊具故障，而故障主要是由于起吊和落下时速度太快，吊具与集装箱碰撞造成的。他提出，这么操作不仅桥吊容易出故障，货物也不安全，必须做到无声响操作。司机们一听炸了锅。"集装箱是铁的，船是铁的，拖车也是铁的，这集装箱装卸就是铁碰铁，怎么能不响呢？"说出口的道理很硬，没有说出口的道理更硬。桥吊队实行的是计件工资，多吊一箱就多挣一份钱。搞无声响操作，轻拿轻放，不明摆着要降低速度，减少收入吗？许振超没多解释，自己动手练起来。他通过控制小车水平运行速度和吊具垂直升降之间的角度，操作中眼睛上扫集装箱边角，下瞄船上装箱位置一点，手

立足岗位
干好本职工作

握操纵杆变速跟进找垂线。打眼一瞄，就能准确定位，又轻又稳。然后，他专门编写了操作要领，亲自培训骨干并在全队推广，以事实说服人。就这样，"无声响操作"又成了许振超的杰作、青岛港的独创。

2000年，队里的6台轮胎吊发动机又到了大修的时候。许振超找到公司领导，主动要求把这个项目交给他。面对复杂的维修工艺，他与攻关小组一起边琢磨边实践，加班加点，提前完成了轮胎吊发动机的大修。近几年来，经他主持修理的项目累计为青岛港节约800多万元。

时时刻刻为工作着想，把心思完全放在工作上，希望技术专了再专、精了更精；企业的成本少了再少、节约了再节约。完全忘记自己付出了多少，也完全不知道自己的贡献有多大。在他眼里，工作便是一切。他的工作不需要他人安排，更不需要他人督促。当大家都工作的时候他在工作，大家都在休息的时候他还在工作。为了搞懂那些技术，他可以不吃饭，可以不睡觉，可以不休假。这不是公司制度，也不是领导要求，这是习惯，敬业的习惯。正是这种习惯成就了一个优秀的技术工人。

有的人为了在工作中有出色的表现而努力，有的人为了实现梦想而努力，还有的人是什么原因也没有就很努力。他们的思想很简单，那就是认真工作，把所有的精力都放在工作上。遗憾的是每个公司里都有与这些想法相反的员工，他们认为公司是老板的，自己只是一个打工人员，没必要累死累活地替别人工作。"给多少钱，做多少事"，累死累活又没有好处，何必那么拼命。他们甚至为自己想好了退路——此处不留人，自有留人处。敬业是一种习惯，不敬业大约也是一种习惯，两种习惯做事风格完全不同，结果也就完全不同。许振超从一个普通的一线工人到全国模范标兵，几十年里，从无懈怠，从来没有放弃过学习和努

第五章 忠于工作,把忠诚敬业作为自己的使命

力。正是付出了超出常人百倍的努力,他才会有今天的成就。也正是养成了良好的敬业习惯,他才会万众瞩目,成为所有职场人学习的榜样。

把敬业当成习惯并不是一蹴而就的。它需要我们长久地坚持在自己的岗位上,主动去承担责任,主动去找事做,而不是等事做,更不是挑事做。还需要我们低下头,真心愿意从小事做起,并且把小事做好,做到细致入微。把简单的事情重复做,把复杂的事情用心做。敬业是企业对员工的普遍要求。它要求员工用一种严肃认真的态度对待工作,勤勤恳恳,兢兢业业,忠于职守,尽职尽责。敬业不是喊口号,更不是做样子给他人看,而是要把敬业当成习惯,心里时时刻刻都装着工作,时时刻刻都以工作为中心,在工作中精益求精。一旦敬业的习惯养成,任何困难都难不倒我们,任何职位我们都能做出与众不同的成绩来。

【第六章】

勇于担当,对工作要有责任感对岗位要有使命感

一份工作就是一份责任,一个岗位就是一种使命。在其位要谋其事,站其岗要负其责。一个优秀的员工,对工作要有使命感,对岗位要有责任感,敢于担当,愿意负责,只要认真努力,勤奋上进,工作一定会取得很好的成绩。

立足岗位
干好本职工作

1. 对工作要有责任心,你的工作就是你的责任

责任心是我们对于分内应做事情的一种心态。有了责任心,就有了做好工作的激情和动力,干起工作来就会积极、主动、用心。没有责任心的员工,对工作不主动,除非是领导吩咐,形势所迫,不然不会去"找事做"。而被动做事积极性是不会高的。就算是工作时也会敷衍了事、错失良机,一生也就只能是在职场上庸碌无为。工作靠老板吩咐、靠制度去强制的人走到哪里都像是一个机器人,不开动指挥键就不行动,虽然工作中很少出现错误,但也从来不出成绩。有责任心的员工则不同,他们会主动为自己的工作找方法、拿主意,一心一意要把工作做到最优质,让服务令人更满意。一个人对工作的执行力大多取决于他的责任心,没有责任心,就算能力再强也不起作用。就职工来讲,责任心讲的就是如何把本岗位工作做好。责任心是一个人干好工作最基本的条件,有了责任心才能在工作中细心、认真,才能避免工作中出现失误,才能最终圆满地完成工作任务。我们平时的工作都是由一件件小事构成的,一个人的成就也是由一点一滴的小事累积起来的。把每一个环节都做好,只有在平时的生活工作中不断学习累积、总结经验。克服缺点和不足才能不断进步,不断提升自己的能力。

视自己的工作为事业,不放过任何一个可能出现问题的细节并提前解决它,这叫责任心;无论是加班还是正常工作时间都没有怨言,都力

第六章 勇于担当，对工作要有责任感对岗位要有使命感

求做到圆满，这也叫责任心。责任心可以表现在任何一件小事上，爱岗敬业的人随时都把责任放在心里，随时都会为了责任去承担事情的后果，去约束自己的行为。在企业里，并不是每个员工都能意识到自己身上的责任，也并不是每一名员工都像我们想象的那么优秀，有些人无论在工作中担任什么职务，都意识不到责任，也就不可能把工作做到最好。培养自己的责任心，尽自己最大的努力把工作做到最好，是时代和企业对员工的双重要求。只有达到这个要求的人，才能算是一个合格的员工。

　　社会各行各业、企业每个岗位都需要具有责任心、能认真做好工作的人。齐格勒说："如果你能够尽到自己的本分，尽力完成自己应该做的事，那么总有一天，你能够随心所欲地从事自已想要做的事情。"如果你没有责任心，把工作当成是挣工资的无奈之举，你就只能在卑微、压抑和无望的日子中度过。一个人的责任心意味着他对工作的热爱程度。有了责任心，工作无论辛苦还是轻松他都能坦然接受，既不会因为工作轻松而觉得日子好混，也不会因为工作辛苦而觉得付出不值。当我们在公司被委以重任时，千万不要以为自己已经做到了尽善尽美，已经是老板离不开的人才了。也许你曾经努力，也许你的才能确实被老板看中，但如果在工作中不继续努力的话，你还是会前功尽弃。没有一个老板喜欢做事马虎的人，也没有一个老板会重用一个对自己毫无帮助的人。委以重任只能说明你的过去做得不错，要继续被委以重任就需要我们有更强的责任心，付出更多的努力。责任心强的人总是比那些在工作上敷衍了事的人做得更多、付出得更多。这也许就是一些人不愿负责的原因了。

　　责任心是指一个人对他人、对家庭和集体、对国家和社会所担负的责任的认识、情感和信念，以及与之相应的自觉态度。责任心与自尊心、自信心、事业心、同情心等相比，是所有这些内容的核心。没有责

立足岗位
干好本职工作

任心就不可能有事业心、同情心和自信心。因此责任心是一个人做人、做事的基础。做一个敢于负责的人，是我们对自己最基本的要求。人有了责任心才能敬业，自觉把岗位职责、分内之事铭记于心，该做什么、怎么去做，及早谋划、未雨绸缪；有了责任心才能尽职，才能一心扑在工作上；有责任心才能放弃那些做表面文章的手段，丢掉坏习惯，做到有人和无人一个样，大事和小事一个样，不因为事大而怕困难，也不因为事小而不愿去做，更不因为事多而抱怨。

责任心是一种发自内心的，敢于面对、勇于担当的勇气。一个人能承担多大的责任，就能取得多大的成功。不过现实生活中却有这么一些人：他们一面希望自己能够成功，成为最让人羡慕的那一类人，一面却又懒散、松懈，不愿去为工作多承担，不愿负责任，出现问题总是把责任推到他人身上，但凡有一点点功劳一定是属于自己的。久而久之，自己总是一事无成，眼看身边的人一个个都被提拔，工资也比自己高，心中总是不服气，但又不去从自身找原因。这些人能力确实不比他人差多少，但是在责任心上却存在巨大差距。

当我们来到企业的某一个岗位时，我们就要意识到我们不仅仅是有了一份工作，还有了一份责任。一份工作就是一份责任，把工作做好，就是尽到了责任。如果你是一名清洁工，你的责任是你管辖的区域干净、卫生；如果你是一名医生，你的责任是救死扶伤；如果你是一名教师，你的责任是教书育人；如果你是一名管理干部，你的责任是带好队伍，为企业创造更多的价值……世上没有不需要负责任的工作，也没有不负责任就能成功的人。我们每个人在社会上扮演不同的角色，每个角色承担着不同的社会责任，扮演角色的最大成功是对任务的出色完成。放弃责任，或者蔑视自身的责任，就意味着放弃了自身在这个社会中更好的生存机会。

责任就是对自己所负使命的忠诚和信守，责任就是把自己的工作出

第六章 勇于担当，对工作要有责任感对岗位要有使命感

色完成，责任就是忘我的努力奋斗。"责任如同呼吸，充满人生的每时每刻!"清醒地意识到自己的责任并勇敢地扛起它，才是一个人应该做的。所以任何时候，我们都不能放弃肩上的责任，它是我们的信念，是我们奋斗的理由，是我们成功的基础。责任让人坚强，责任让人勇敢，责任也让人懂得关怀和理解。大多数时候责任是相互的，当我们为别人负有责任的同时，别人也在为我们担负责任。

第二次世界大战中期，美国生产的降落伞的安全性能不够，虽然在厂商的努力下，合格率已经提升到99.9%，但还是差一点点。军方要求产品的合格率必须达到100%，可是厂商强调任何产品都不可能达到100%的合格，除非出现奇迹。但是，降落伞99.9%的合格率就意味着每一千个人跳伞，就有一个人会送命。后来，军方改变了检查质量的方法，决定从厂商前一周交货的降落伞中随机挑出一个，由厂商负责人背着这个伞，亲自从飞机上跳下去。这个方法实施后，奇迹出现了，降落伞的不合格率立刻变成了零!

这个小事例充分说明了一点，那就是一份工作就是一份责任。当你想要负起责任的时候，任何困难都不是问题。就像厂商负责人一样，当别人乘坐飞机时，生死与自己无关，所以百分之零点几的事故率属于正常范围。可当自己需要乘坐飞机时，那就必须得达到百分之百的零事故。可见，责任关乎产品质量，责任甚至掌握人的生死。同样一份工作，有的人遇到困难的时候一筹莫展，认为根本不可能办得到，可有的人能够在困难重重下做得很好，为什么？就是因为责任心不同。前者不愿意去负责任，主动放弃，而后者因为责任而寻找各种方法，最终把事情做好了。无数事实证明，不愿负责的人终将一事无成，也永远与成功和荣誉无缘。不要以为自己有能力就能在职场混出模样来，无论任何时

立足岗位
干好本职工作

候,面对任何工作,责任始终是大于能力的。如果你不愿意去为自己的工作负责,能力就没有用武之地。我们要牢记"责任大于能力",摆在面前的任何事情,都是首先讲责任,再来谈能力的。爱默生说:"责任具有至高无上的价值,它是一种伟大的品格,在所有价值中它处于最高的位置。"职场实践告诉我们,没有做不好的工作,只有不负责任的人。敢于负责,乐于负责,就一定可以做成大事。责任不是负担,责任是一种信念,一种鼓励我们不断前行的航灯。责任还是荣誉,因为肩负责任,才能证明我们对社会的价值所在。

2. 岗位不同,责任不同

各行各业有千千万万个岗位,每个人的岗位不同,责任也不同。但是不管在哪个行业,公司的要求都是要敢于承担责任。一个岗位就意味着一份责任,就好像社会是一台大机器,我们每一个工作者就是这台机器上的一个螺丝钉。如果其中某一个人懈怠了工作,那么这台机器就不能正常运转。机器故障原因各不相同,我们每个人的责任也各不相同。

俗话说,军人有军人的责任,农民有农民的义务。每个人所处的社会位置不一样,肩负的责任也就不一样。如果你是一名前台服务员,你的责任就是保持微笑,以顾客需要为中心,尽各种所能,把服务工作做到最好,做到顾客满意为止;如果你是某个单位的门卫,你的责任就是严格执行来客登记制度,严禁小商小贩、闲杂人员和不明身份人员入

第六章 勇于担当，对工作要有责任感对岗位要有使命感

内、外单位机动车辆未经许可不得进入院内，遇急救、检查、慰问等车辆要求减速慢行并按规定位置停放，你还要检查巡逻，确保单位内的安全；如果你是一名高管，你的责任是以身作则，把你的团队管理好，让所有人在你的领导下尽心尽力的去完成公司的任务，为公司创造更多的价值；如果你是一名老板，你的责任是把员工团结在你的周围，以你为核心，与他们一起为实现梦想而加油……

中国石油抚顺石化分公司石油三厂分子筛脱腊车间运行一班，是以班长王海同志命名的生产班组。多年来，全班员工在王海同志的带领下，勤学知识，苦练技能，严格管理，勇于创新，爱岗敬业，无私奉献，把团队打造成为"技能型""效益型""管理型""创新型""和谐型"的"五型"班组，在平凡的岗位上创造了不平凡的业绩。

许多人知道，炼厂严禁带烟、火入厂。在业余时间，烟瘾很重的王海平均每天要抽两包香烟。但只要上班，他绝不带烟进厂。王海告诉班里工人："工作中，大家都向我看齐，如果我在工作时间抽烟，大家可以随便抽；如果我在工作时间坐着打盹，你们就可以躺着睡！"谁能相信？一个拖家带口，上有老下有小的普通工人，能在 26 年时间里没有缺勤、没有迟到、没有早退？难道他的家里就没有大事小情？！难道他就从来没有过头疼脑热？！

炼化企业的最大特点是易燃易爆。王海时常告诫自己：我是党员，一班之长，关键时刻一定要叫得响、冲得上。2003年3月的一次险情，王海在跑向已经溢满氢气、随时可能闪爆的平台时，对身边人只说了一句话："如果我在上面10分钟后还下不来，你们就把我拖下来。"

立足岗位
干好本职工作

  危急时刻，王海用行动和过硬的技能诠释着"向我看齐"四个字，振聋发聩，掷地有声。

  在"向我看齐"精神的影响带动下，近10年来，从王海班先后调出的55名工人，其中3人走上了车间领导岗位，10人当上了班组长，40多人成为其他班组的技术骨干。

生产班班长的责任是不仅要带领大家把质量搞上去，还要确保每个细节不出差错。特殊的行业，稍有差池，便会酿成大祸，它容不得半点不负责任的行为，容不得半点工作上的失误。

  2009年12月22日，程海枝像往常一样一大早就来到了学校，习惯性地到教室查看学生的报到和课前情况。她刚进教室就发现少了一个学生郭慧青。这个学生很少迟到，她想了想郭慧青近半年在学校的表现，得出这样一个结论——一定是出事了。

  之前，程海枝通过和学生谈心，对全班学生的家庭情况都有详细的了解。郭慧青随父母在马涧村租房居住，父亲是司机，经常不在家，母亲近段时间到徐州照顾郭慧青的兄弟，家里只有郭慧青一个人。想到这里，程海枝立刻有了不详的预感，从马涧村到学校足足得走半个小时，郭慧青会不会在路上发生意外呢？她一个人在家，会不会发生其他事情呢？惶恐不安的程老师打听到学生张小芳知道郭慧青的家，随即和小芳同学一道前往郭慧青家，并焦急地查看沿路的情况。

  郭慧青家在马涧村比较偏僻的地方，程海枝老师一边招呼出租车原地等待，一边拍打大门，家里却无人应答。她们随即打车返回学校，还是没有见到郭慧青！心急如焚的程海枝老师越发觉得事态严重，她立即与德育处主任赵宜力和白蔚老师三

 勇于担当，对工作要有责任感对岗位要有使命感

人一起再次奔赴郭慧青家。面对紧闭的大门，他们分别拨打了110和120，心急的白蔚已经翻墙入院，发现室内的门是从里面反锁的。"她肯定发生了意外！"白蔚急忙踹开两个门进入房间。这时，昏迷的郭慧青躺在床上已经失去了知觉。站在墙上的赵宜力听到白蔚的呼救，一下子从两米多高的墙上一跃而下，立即对郭慧青实施人工呼吸等抢救措施。此时，市中医院120救护车也刚好赶到现场，量血压、输氧气、抬担架，因煤气中毒而昏迷不醒的郭慧青被火速送往医院。在这紧急关头，程海枝打电话让丈夫送钱到医院，跑前跑后就像一个心急如焚的妈妈。经医院的全力救治，12月22日晚10点，郭慧青才有了自主呼吸，脱离危险期。

12月24日，郭慧青的母亲从徐州赶到医院，看见已脱离危险的孩子，她拉着程海枝的手，感激的泪水夺眶而出……这是一件平凡但又不平凡的事，十六岁花季少女郭慧青重获了第二次生命。责任为重，师爱无边，程海枝老师用自己的行动，诠释了教师职业的内涵，它折射出了教育工作的平凡而伟大。

强烈责任心的更高层次是高度负责的精神，就像程海枝老师一样，可能每一位老师都会经历早上点名时发现有未到的学生，然而又有几人能像程海枝老师一样，一定要找出学生为什么不到的原因？正是因为有了强烈的责任心，正是因为明白自己的岗位责任重大，程海枝才几十年如一日，坚守自己平凡岗位上不平凡的责任。不同的岗位，责任不同，然而每个岗位又都存在着超越岗位范围的职责。按理说，点名后记下谁迟到就是尽到了职责，但这还远远不够，因为如果学生迟到是因为遇到了意外呢？可见，岗位责任并不单单是我们想的那么简单，我们还要将它延伸，将它扩展……

立足岗位
干好本职工作

责任不分轻重，责任不容折扣，责任关系着你自己更影响着你身边很多的人。没有哪份工作是做不好的，就看你能不能负起岗位责任。责任就是使命，责任就是既要让工作完美，又要护身边人的周全。学生遇到敢于担当责任的教师是他的幸运，企业遇到敢于担当责任的员工也是幸运。虽然我们说任何人都要有责任心，任何人都要敢于承担责任。但毕竟大千世界，每个人的素质、知识、修养和思想都各不相同，对待责任的方式也不相同。一个缺乏责任感的人，或者一个不负责任的人，会失去自己的信誉和尊严，失去别人对自己的信任与尊重，甚至失去社会对自己的认可。负责任是永恒的职业精神。

质量是企业的生命，更是企业追求的永恒目标。只有拥有过硬的质量才能具有强大的竞争力，才能在当今激烈的竞争中立于不败之地，这是我们每一个人都明白的道理。有质量就有竞争力，有质量就有信誉，有质量就有企业的立足之地。但有的员工明明就在生产第一线，明明知道质量不合格意味着什么，可就是不愿担负这个责任，以至于企业在很多地方遭受损失。既然我们处在了这个位置，我们就要为自己的行为负责。工作失去了质量保证，就等于在混日子，在欺骗老板，欺骗企业，欺骗消费者。质量是我们每一个职工干出来的，而不是质检员检出来的。任何一个岗位的疏忽和轻视都会对企业的整体质量造成不同程度的影响。

质量、安全、生产以及团队的和谐是企业能否发展的关键，而这些都需要我们处在不同岗位的人一起努力，一起负起责任，才能有好的结果。不同的岗位职责虽然各不相同，但对于企业的发展都有着不可忽视的重要作用，所以不要因为自己的岗位小、不受重视而懈怠工作，也不要因为自己处在最基层而不去努力。不管你的岗位在哪里，只要你去擦亮它，它就会是企业的招牌。

 第六章 勇于担当,对工作要有责任感对岗位要有使命感

3. 责任不是口号,而是实实在在的行动

"责任不落实,工作难保障""只有勇于承担责任,才能承担更大的责任""勇于担当是一种必备的美德""举起责任,为安全撑起一把保护伞"……关于责任的标语,我们几乎在每个企业内部都能看到,门口、墙壁、办公室、车间,甚至是职工食堂都到处可见。责任是企业检验员工是否合格的标准,一个没有责任心的员工是不受企业欢迎的。所有企业都希望自己的员工能够为自己的工作负起责任。但责任并不是每天喊口号那么简单,它需要落到实处,付诸于实实在在的行动中去。把责任当口号的人,是心中无担当的人。

负责的精神是一个人、一个企业,一个国家乃至整个人类文明发展的基石。敢于承担责任,把责任纳入每一分每一秒的实际行动中,才能扎实做好我们的本职工作。我们的每一项工作,都是所在单位事业的组成部分,而尽职是实现目标的落脚点。如果在工作中不能尽职尽责,势必会给工作带来不同程度的影响。因此,在工作中一定要有明确的目标,把每一项工作都做好做实。但在现实中,有的人并不是这样,他们虽然也是在做工作,但对待工作的态度不够端正,想走捷径,弄虚作假,搞上有政策下有对策,负责任的口号喊得比谁都响亮,落到实处却一事无成,对企业没有贡献,对国家没有贡献。这样的工作态度不仅是失职,更是严重的作风不实的表现。一味地只喊口号而缺乏踏实的工作

立足岗位
干好本职工作

作风，结果只能是脱离实际，与责任越来越远。

我们说在工作中要不忘初心，牢记使命，才能有所作为。也许你的初心正随着你对责任的冷漠而越来越远，也许你的使命随着你对工作的敷衍而变成你的负担，你苦恼而不知所措，你彷徨而找不到方向。长此以往，你的人生会以平淡无为告终。怎么办？唯有担负起责任，把责任付诸于行动，才能改变人生。

1985年，人们发现牛津大学有着350年历史的大礼堂出现了严重的安全问题。经检查，大礼堂的20根横梁已经风化腐朽，需要立刻更换。每一根横梁都是由巨大的橡木制成的，为了保持大礼堂350年来的历史风貌，必须用橡木更换。在那个年代，要找到20棵巨大的橡树已经不容易，更何况每一根橡木也许将花费至少25万美元。

这令牛津大学一筹莫展。这时，校园园艺所来报告，350年前，有位大礼堂的建筑师早已考虑到后人会面临的困境，当年就请园艺工人在学校的土地上种植了一大批橡树。如今，每一棵橡树的尺寸都已远远超过了横梁的需要。这真是一个让人肃然起敬的消息！一名建筑师350年前就有这样的用心和远见。建筑师的墓园早已荒芜，但建筑师的职责还没有结束。

什么叫担当责任？也许换一名建筑师，他会为自己的伟大杰作而吹嘘"350年的质量保证，还有谁能做到这么好？"也许当时的牛津大学负责人，也对这位匠师的质量大加赞赏。可谁又能想到，建筑师还能考虑到350年后的问题？还能在墓园都已荒芜后帮助后人渡过难关？这就是责任担当，这就是把责任落到实际行动中最好的事例。"责任"这个词语是职场人士再熟悉不过的，因为无论身处何种岗位，都具有其职责，而承担起责任，就是要求我们立足于职责，做好本职工作，保证正

第六章 勇于担当，对工作要有责任感对岗位要有使命感

常的工作秩序。但是，总有人对责任的理解有失偏颇，看不到责任对于我们个人乃至企业的影响，虽然嘴上都在喊着"责任重于泰山"，可是对于责任本身的理解却只停留在口号上，很少有实实在在的行动。责任不是简单的口号，也不是停留在嘴上说说而已，而是一种信仰、一种理念，需要我们从内心深处去理解它，把它作为内在的追求，并付诸于实实在在的行动，再用行动去体会、理解、证明和实现。不管何时何地，我们都不能放弃肩上的责任，不管从事什么工作，我们都不能把责任只当做简单的口号，而是要落实到实实在在的行动中去。

落实责任就是将嘴上说的、纸上写的落实到实际行动中去，以达到预期的目标。落实的关键在于行动。工作中，无论责任大小，只要没有落实到位，一切都是无效的。责任没有落实到位的原因大致有两种。一是缺乏责任心不去落实责任；二是没有找到自己要落实的根本责任，工作做了不少却没有抓住要点，履行的也是无效的责任。

很多人踏踏实实地在自己的岗位上辛勤劳作十几年、几十年甚至一辈子。在一般人看来，他们的工作岗位是普通的，然而日常点滴却经过经年累积而汇成沧海，这沧海蕴含着责任与伟大。即便他们大部分时间里都默默无闻，也不图什么名利，但却终能赢得人们的敬重和社会赋予的尊重，他们是单位和社会最宝贵的财富。

罗阳，男，51岁，辽宁沈阳人。沈阳飞机工业（集团）有限公司董事长、总经理。

罗阳所在的沈飞集团是中国重要的歼击机研制生产基地，他本人也是飞机设计专家。2012年11月25日上午，随中国首艘航母"辽宁舰"参与舰载机起降训练的罗阳，在大连执行任务时突发急性心肌梗死、心源性猝死，经抢救无效，于12时48分在工作岗位上殉职。罗阳1982年毕业于北京航天航空

立足岗位
干好本职工作

大学高空设计专业,他担任中航工业沈飞董事长、总经理的5年,是沈飞新型号飞机任务最多、最重的5年,难题难点,好像排着队一样。罗阳善于解决问题,采取多种措施推动研制进度,创造了新机研制提前18天总装下线,从设计发图到成功首飞仅用10个半月的奇迹。2012年1月,罗阳担任中国第一艘航空母舰舰载机歼—15研制现场总指挥。没有经验,也没有现成的关键技术可以借鉴,航空制造大国对技术的封锁,逼着航空人只有自主创新一条路可以走。在航母上,罗阳坚持亲力亲为,与科研人员一起整理试验数据,观看每次起降过程,记录和分析飞机状态。出现身体不适也没有中途下舰,甚至都没有去找医护人员检查。难度高,任务重,时间短。重重考验摆在罗阳面前,可是他就有这么一股不服输、不懈怠的劲头。他曾说,外国人能干成的事情,中国人同样能干成,而且还能干得更好。在生命的最后一个月里,他不知疲倦,劳心劳力,没有一刻休息,直至生命的最后一刻。

有不少人,领导在的时候,口号喊得比谁都响。"负责任""努力工作,为企业发展,为自己打拼""担起重任,不辜负企业的培养"……领导一转身,这些口号就全忘了。这种人往往只是口头上说得比别人好听,似乎全公司上下都得向他学习,好像只有他才是真正为企业着想的好员工一样。可是,一旦身边没有了领导,或者是没有人监督的时候,就露出了本性。要么偷懒,要么做事马马虎虎,把工作看成是负担,每天混足八个小时就事不关己了,企业盈不盈利没关系、公司出没出状况也不关我的事,只要到发薪水的时候,自己那份不少就行了。这种人,开始的时候,也许还会有人觉得是个可造之材,会为公司出力,但是时间一久,同事就会不信任,领导也会看不起。因为他从来没有为

 勇于担当，对工作要有责任感对岗位要有使命感

公司、为自己负起过责任。责任不光是嘴上说给别人听的。责任是需要付出代价，是要付出实际行动的。

责任不是句空话，更不是口号所能代替的。它需要有实干精神的人在每一份工作中通过努力来承担，它是做好工作的唯一体现方式。只有真正对工作负责任的人，才是企业需要的人，而不是那些把责任天天挂在嘴边，做起工作来却毫不认真的人。当我们把责任牢记于心，把每一份工作都做到完美的时候，我们才敢说，自己是一个负责任的员工，是企业里最优秀的员工，也是企业最需要最离不开的员工。有人说这个社会的浮躁让人们找不到方向，那是因为还没有扛起肩上的责任。"说实话，做实事，负责任，爱岗敬业"这些从来都不是一句口号，而是需要我们脚踏实地一点一滴做出来的。如果找不到方向、如果不明白为何会失败、如果还希望生活有所改变，那就赶紧转变态度，负起该负的责任，远离空无一用的口号，真正做些实事吧。

4.该负责时，勇敢地站出来

责任感是我们战胜工作中诸多困难的强大精神力量，敢于承担责任是我们与那些遇事就推卸责任的人的本质区别。许多人把应承担的责任推给领导，认为自己只是机器上的一颗螺钉，并没有什么权力，所以也不用去承担什么责任，特别是出现问题的时候，不敢或不愿挺身而出，承担相应的责任。当你万分羡慕那些有着杰出表现的同事，羡慕他们深

立足岗位
干好本职工作

得老板器重并被委以重任时,你一定要明白,他们的成功绝不是偶然的。他们与那些不成功的人最根本的区别就在于他们敢于承担责任。当责任落到头上时,他们第一反应是站出来负起责任,而不是想办法推卸给别人。勇于承担责任是人的一种品质,也是在职场中生存的基本条件。不管职位高低、能力大小,也不管身在何种性质的企业,岗位职责管理幅度宽窄,我们都要立足本职,肩负起应有的责任,对得起那份薪水和良知。

一位女士驾车时不小心蹭到一辆车,当时车主并不在车上,她本可以一走了之,但她没有,她在路边足足等了一个小时。因为有事着急走,她不得已拿纸和笔写下"对不起,我不小心蹭了你的车,请看到纸条后与我联系,商量赔付事宜……"刚写完,车主就出现了,并对这一举动感动不已,最后车主不仅没有要求女士赔付,还与她做了朋友。这是一件生活中微不足道的小事,但从这件小事上我们可以看出这位女士的人品。敢于承担责任,哪怕承担责任会让自己遭受财产损失。我们每个人都会犯错误,犯错误不可怕,可怕的是找各种借口理由推卸,不敢承认,并养成习惯,最终成为一种习惯性思维定式、行为定式。蹭车这件事如果换作别人可能会找各种理由,比如是对方车停的地方不对,挡住了道,也可能是其他人正好挤到自己,于是蹭到了车……不愿负责任的人可以找到一万种为自己开脱的理由。承担责任却只要一种勇气、一种信念——是我的责任,就该我来承担。人们往往对于承认错误和担负责任怀有恐惧感。因为承认错误,担负责任都要接受相关的处罚,比如形象受到影响,比如利益遭到损失,比如职位受到挑战等。人们通常愿意对那些运行良好的事情负责,却不愿对那些出了偏差的事情负责。有些不负责任的员工在事情出现问题时,首先不是考虑自身的原因,而是把问题咎于别人,总是寻找各种借口来为自己开脱,以此逃避责任。事实上,这些借口并不能掩盖已经出现的问题,这些理由也只

 **勇于担当，对工作要有责任感对岗位要有使命感**

能让你最终尝到苦果。就如上面这位女士，如果蹭车后逃跑，当时可能确实没有人去追赶，但如果被监控拍到，又刚好被警察查到，后果就完全不一样了。就算是没有监控，不被警察查到，良心上也会许久不得安宁，这更会让自己日子过得不舒坦。

"担当责任"这四个字对于人生而言是有分量的。人的一生必须担当着各种各样的责任。社会的、家庭的、工作的、朋友的……担当责任是一个人分内的事情，是做好应该做好的工作，承担应该承担的任务，完成应该完成的使命。一个人能否活在社会上，最关键的一点就在于有没有责任感，是否认真担当了自己的责任。上班族不要以为每天到点来，到点走，日复一日年复一年，只要不出差错就行了，这种行为并不是担当责任，而是打发日子。真正敢于担当的人是会为企业出力、为领导分忧、与同事一起努力工作的人。对于我们每个人来说，做与不做之间的差距就在于是否勇于担当。所谓细节决定成败，上班晚来一分钟与早来一分钟并不仅仅是个时间概念，就本质来讲，晚来这一分钟就是一种没有担当的表现。首先是对自己不负责任，没有约束自己严格按照公司的规章制度办事；再是对工作没有负责任，迟到一分钟就会少做一分钟的事情，迟到十分钟就会少做十分钟的事情，如果每天都迟到，工作肯定会被耽误。

在自己的岗位上，我们每个人都有自己推卸不掉的责任。你的职位越高，责任就越重。害怕承担责任、一遇事就推卸责任的人，往往会让自己的能力失去发挥的机会。在这个世界上，没有不需要承担责任的工作，所以无论你是谁，无论你的职位是高还是低，请不要推卸责任。责任面前，无需任何借口，失败也无所谓，只要我们敢于承担属于自己的那份职责，我们就是行得正、站得稳的人。是职场最需要的人。

当面对一项艰巨的任务，或者在执行过程中碰到棘手的问题时，一些人总是因为担心出现差错被追究责任而缩手缩脚。不是找借口将任务

立足岗位
干好本职工作

推掉，就是事事请教上司，让上司作决定。一旦出现差错，就竭力推卸责任。他们只做一些没有挑战性的、约定俗成的工作，这些工作简单得几乎不可能犯错。似乎这样他们展示给老板以及同事的形象就是完美无缺的。这种人下到员工，上到部门经理都有。这是缺乏自信和上进心的表现，是对事业最大的干扰和破坏。

有资料显示：工作五年以上的受访者，对团队中出现"拖延"和"抱怨"这样的不良现象最为反感。在补充回答中，他们更进一步指出，"推卸责任"是严重打击团队合作的行为。也就是说，上司可以原谅你做错了事，但是不会原谅你做错事还把责任推到别人身上去，因为这表现出你的工作态度以及人品问题。其实我们在工作中也经常会听到这样的话："这件事情不是我干的""是他让我这样做的"等。这是长期没有责任心的人表露出来的一种心态，在一次又一次推卸责任的同时，他们迷失了自己，失去了一个又一个宝贵的赢得尊重和肯定的机会。

当你承担责任的时候，你知道他人会为此受益，并且获得更舒适、安全的生活，这是一种说不出的幸福、成就感和自豪感。这种感觉能使你在以后的工作中更加勇敢，努力，出成绩。可以说每个团队的领导都有一双慧眼，他能识别一个人是否有责任心，能识别这个人是否是可造之才。所以不要找理由、找借口来推卸责任，当责任到来的时候，勇敢地站出来，去承担一切，事后你会为自己的敢于承担而鼓掌。所有的付出与收获都是成正比的，当你心甘情愿，毫无怨言地为工作负起责任时，你的形象已经烙印在每一个人心里，这是你为自己今后的路攒下的铺路石，在你遇到困难的时候，他们会来帮助你渡过难关，甚至让你得到意想不到的机会。

职场上有"踢皮球"一说。意思是当问题到来时，大家就开始相互推脱责任。张三说是人事部门没有协调好人员部署；李四说是公关部

第六章 勇于担当，对工作要有责任感对岗位要有使命感

门没有尽力、王二则说是因为计划有些草率……没有人愿意承认是自己的过错，更没有人会为这个难题承担责任。"皮球"踢来踢去，而员工之间的矛盾也越来越深。"踢皮球"并不是因为大家能力有限，也不是问题真的就没有解决的办法，而是没人愿意承担责任。很显然，"皮球"最终会被踢到老板那儿，而那些"踢皮球"的员工也只能回家"享清福"了。没有一个老板愿意看到自己有这种员工，也没有一个老板愿意接到这个"皮球"。作为一名员工，当问题到来时，最应该做的就是分析原因，寻找解决问题的方法，而不是急于推脱责任。常言说"没有做不到，只有想不到"。任何事情只要愿意去做，办法终归是有的。

勇敢承担责任，不推卸责任，就要求我们员工平常工作中要努力学习，做到精于本行。把自己的本职工作做到位，包括解决一切与自己本职工作有关的难题。那些简单易行的工作谁都会做，真正能解决难题的人，才是人才，才是做好了本职工作、对企业有更大的贡献的人。总是抱着多一事不如少一事，你不做，我也不做的心态来对待工作的人是不会进步的，当然也就谈不上为企业做贡献了。公司有困难时，敢于站出来负责任，解决难题，这就是员工的可贵之处。也正是这种敢于承担责任的精神，让他们为自己的成功打下了坚实的基础。"宁可闲着无事，也不去找事"是很多人的工作态度。"不出大错，也不出风头"，这样才能自保，才能安安稳稳地立足。出风头就意味着要承担"枪打出头鸟"的风险，最后落得个吃力不讨好，太不划算了。这种人表面上看起来很"守规矩"，实则一辈子毫无成绩。他们之所以始终不如别人，就是因为不敢承担责任。在职责和角色需要的时候，毫不犹豫、责无旁贷地挺身而出担起责任，这是一种自觉，是一种修养，也是一种良好的习惯。

5. 对结果负责,让工作圆满

职场往往是用办事的结果来衡量一个人的能力的,也就是说你每天的工作结果说明了你工作的能力,对于公司的价值。任何一个成功者的成功都是靠每天的努力累积的,如果每天都不知道自己在做什么,做了些什么,有多大的价值,那么你就是没有对结果负责,你就不是一名合格的员工。对结果负责,才算得上是对工作负责。为什么这么说?有的人看起来很努力,早上第一个上班,下班后最后一个离开,当人们都还在踏着最后一秒到岗的时候,他已经打开电脑了。当人们热衷于各种聚会与聊天的时候,他的手指也从来没在键盘上歇息过。这是不是对工作很负责任?不是。我们身边有太多这种"假努力"的人。看起来他们确实很认真,工作上找不出大的差错,但是每个项目的结果总是不尽人意,每天工作的成果总是比别人差一些。这种人对于身边人的提升与加薪很不解:我明明比他们都努力呀,为什么好事轮不到我头上?其实,老板需要的是结果,而不是过程。想想你的行为:是第一个上班,却是先看新闻,再刷朋友圈,晒晒自己早到,再喝一杯咖啡,回完朋友圈的关注与点赞,时间已经过去一个多小时,而其他人早已经看完手上大部分资料了。虽然你很少与他人谈笑,你的手指也没有离开过键盘,但输入的内容却是发给微信与QQ好友的。表面现象让你自己都忘记了真实性,甚至为自己的"敬业"而感动。可是结果却让你不得不回到现实。

第六章 勇于担当，对工作要有责任感对岗位要有使命感

"结果才是硬道理"，所有企业看重的都是结果，结果才能说明问题，才能证明你的能力，至于过程，那是你自己要考虑的事情。所以敢对结果负责的人才是真正负责到底的人。

1968年墨西哥城奥运是第一次在高原举办的夏季奥林匹克盛会，特殊的地理和气候条件让那届奥运会的田径比赛好戏连台，出现了许多空前的好成绩。相形之下，马拉松比赛的成绩太一般了，冠军埃塞俄比亚人马默·沃尔德的成绩为2小时20分26秒4，比他的同胞、两届奥运金牌得主"赤脚大仙"阿贝贝·比基拉在1964年东京奥运会上创造的2小时12分11秒2差了一大截。亚军日本的君原健二和季军新西兰的迈克尔·瑞安2小时23分多的成绩更是平平无奇。记者们除了例行公事般看一眼颁奖式，关注一下因伤只跑了17公里便颓然倒地的"赤脚大仙"比基拉，对其他选手并未太在意，观众们也没对马拉松投注过多热情。等颁奖式结束，场地内其他项目都已比完，他们便三三两两地退场回家了。

过了一个多小时，组委会开始通知马拉松沿途的服务站开始撤离，结果得到一个让所有人都吃惊的消息：有个选手还在跑！原来这个还在跑的选手就是阿赫瓦里。他在跑出不到5公里后因碰撞而摔倒，膝盖受伤，肩部脱臼，但他并未就此退出，而是一瘸一拐地继续向终点跑去。渐渐地，所有选手都将他远远甩在身后；渐渐地，围拢在街道两侧打气助威的人群已散尽。天色越来越黯淡，所有人都觉得马拉松比赛已经结束，只有阿赫瓦里本人坚定地跑着，因为他觉得，自己的比赛远未结束。有记者同情地看着他，不解地问，为什么明知毫无胜算，还要拼命跑下去？阿赫瓦里显然毫无准备，他默默地又

> 立足岗位
> 干好本职工作

"跑"了好一会儿,才突然坚定地答道:"我的祖国把我从7000英里外送到这里,不是让我开始比赛,而是要我完成比赛……"被深深感动的记者不但向自己的杂志社发了稿,还立刻把稿件发回奥林匹克新闻中心,阿赫瓦里的名言不一会就通过广播回荡在墨西哥城这座世界人口最多城市的上空,许多本已回家的市民纷纷赶到路边,为这位勇敢的选手助威、欢呼。在观众的鼓励下,阿赫瓦里拖着伤腿,顶着满天星星,几乎是一码一码蹭到了终点线。当拖着流血伤腿,右腿扎着绷带一瘸一拐奔跑的阿赫瓦里走入了专门为他重新打开灯光的阿兹特克体育场的时候,全体观众集体肃立,给予他雷鸣般经久不息的掌声!以此向这位勇士表达了他们最崇高的敬意!他被当作英雄般簇拥着,受到了远比冠军更隆重的礼遇。由于过于激动,人们忘了统计他的确切成绩(约4个半小时),在奥运成绩册上只有他获得的名次:75人中的第57名。排在他之后的18位选手,都是因各种原因中途退场的。人们后来把他这场比赛叫作"最伟大的失败",把他本人叫作"最美的垫底者"。

无论怎样,要有一个结果,所以一定要坚持到底。这就是获得人们尊重与赞扬的方法。这场比赛,阿赫瓦里虽败犹荣,因为他敢为结果而努力,敢为结果负责。努力与收获,是永恒不变的因果。人们说"种瓜得瓜,种豆得豆",假努力可能会让自己一时间获得一些小的利益与机会,但结果一出来,就会像是被识破的妖精一样无处藏身。所以无论我们在哪个岗位,有没有人监督,都要摒弃假努力的做法,这种做法会让我们一事无成。对结果负责,就要在工作中坚持全身心的投入,相信自己、鼓励自己,让自己时刻保持对工作的热情,把每天的工作都做到圆满。小圆满累积起来就是大圆满。

第六章 勇于担当，对工作要有责任感对岗位要有使命感

胡振球是上海神舟汽车节能环保股份有限公司的车间主任，获得过上海市十大工人发明家、全国劳动模范等荣誉称号。2016年，他还被选为首批上海工匠，获得上海科技进步奖三等奖。他说，"劳动创造了幸福，让我的梦想成真了。"

"由于文化水平不高，更没有技术和从业经验，10年前来上海时可以说两眼一抹黑，差一点就'打道回府'。"胡振球略带羞涩地向记者回忆当初来上海时的场景。就在快看不到希望时，闵行区梅陇镇的神舟汽车公司向这位淳朴的小伙子抛出了"橄榄枝"，他成为车间的一名装配工人。面对这个来之不易的机会，胡振球暗下决心："当工人就要当个好工人。"当时，他对于"好工人"的定义是，踏踏实实干活，不偷懒、不懈怠。但一段时间后，胡振球发现，在这家科技型企业内不少员工都是从各大知名院校毕业的硕士生、博士生，常常能想出很多创新点子来简化工艺流程，这给他内心带来不小的落差。"俗话说，不想当将军的士兵不是好士兵。看着研发人员通过各种工艺革新提高效率，我便萌发了一个念头，有朝一日也要成为这样的研发人员，才真正配得上'好'这个字。"胡振球说。可是那时的他连图纸都不会看，只好从"零基础"开始学起。他常常在午休时间缠着有经验的老师傅们给他讲图纸，一遍不行两遍、三遍……直到弄懂，他这股劲也着实让"老法师"们感动。为了能更安心地学习，他干脆搬到了职工集体宿舍，下班后就往单位职工书屋里钻，经常看书到深夜。当时，胡振球生怕前学后忘，于是把书上的重点知识摘抄下来，一条、两条、三条……慢慢积累至今，已经记了满满的好几本。世上最怕"认真"二字。只要认真，普通工人也能成

立足岗位
干好本职工作

为专家,成为高技能人才。短短几个月,从钣金工、钳工、车工到打磨工,胡振球掌握了车间几乎所有工种的操作技巧。2009年,他以农民工班组长的身份参加了上海市总工会组织的EBA(初级工商管理)培训,系统地学习新知识、增长新本领。之后他又续读了工商管理的大专班,现在正就读本科。"我跟他认识8年了,他不但有悟性,更重要的是做一件事,就必须把它做好,这是他的性格。"正在车间工作的潘邦国这样评价胡振球。胡振球发明的"清扫车边吸尘口自动避让装置"获得第七届国际发明展览会金奖,其他各项专利也陆续申请成功。胡振球成了工友们心中的"大发明家",公司掀起了一股创新热潮,更多的工友开始钻研技改,厂里技术创新氛围也越来越浓。

《北上广不相信眼泪》里陈奇雄在ABA公司工作十二年,每天努力工作,可以说是任劳任怨、兢兢业业,但最后还只是一个小小的主管。好不容易赶上华东大区的经理竞选,却竞选失败。陈奇雄万分难过,找到上司哭诉"我在ABA公司工作了十二年,没日没夜,天天加班,没有功劳也有苦劳吧。可你们太过分了吧,我这么努力,难道你们都没看在眼里?一个区域经理都不给我?"领导并没有被他的眼泪所感动,而是冷冷地说:"我要你的劳苦干嘛?我要你的功高。你好意思说你干了十二年,你看看你的业绩,部门排名倒数。老员工啊,没开了你就可以了,还要求升职加薪。"很显然,陈奇雄的努力有些"假"。十二年,如果是真努力的话,不会毫无成绩,也不会业绩排名到部门倒数。换句话说,他想要的结果是让自己升职加薪,却忽视了先要对工作的结果负责。没有工作上的负责,哪儿来的升职加薪理由?"做一件事必须把它做好",这句话的含义便是让工作圆满,让结果满意。创造业

第六章　勇于担当，对工作要有责任感对岗位要有使命感

绩并不是偶然的，它需要一个人长期付出智慧与劳动，踏踏实实把每件事情做好，注重细节，不出差错。竞争的终极标准就是业绩。谁的业绩更多，谁的业绩更有价值，谁就有说话的权利，谁就能享受比其他人更丰厚的待遇。职场上为什么会有那么多人在最不容易出成绩的平凡岗位上做出了不平凡的成绩，就是因为他们对工作负责的态度才让他们始终可以把工作做到圆满的。工作圆满了，结果自然就令人满意。不要埋怨你的岗位平凡、不要责怪上司对你太苛刻、不要假装很努力的样子，如果你真愿意为你的岗位负责，你就可以做出最令人满意的结果。

【第七章】

乐于奉献，用使命感激发工作主动性

使命感能极大地激发一个人的内驱力，有使命感的人，主动积极，会自觉自愿地去工作，自动自发地去努力，不会计较报酬的多少，更不会在乎付出了多少。他们任劳任怨，兢兢业业；他们激情满怀，乐于奉献。使命感是驱动他们勇敢前行的力量源泉，是鼓舞他们无悔奉献的核心动力。

立足岗位
干好本职工作

1. 有使命感的人工作更主动

　　一个具有使命感的人总是明白自己在做什么，该怎么做，这么做的意义何在。所以他们在工作中总是具有高涨的热情，积极的行动。职工有没有使命感，是他能否在职场快速成长的关键所在，只有具备了使命感的人才能够在职场的竞争中得以生存和发展。对员工来说，工作使命就是人生目标。工作绝不仅仅是一种谋生的工具，工作对人生来说有着重要的价值和非凡的含义。即使是一份非常普通的工作，也是社会运转所不能缺少的一环。如果一个员工工作仅仅是听老板的吩咐，照章行事，那他注定不会成功。成功的人会站在理想的高度去看待自己的工作，工作在他们眼中不仅仅是挣钱那么简单，工作是天职，是使命，是他们存在的意义。一个人一生中除去休息的时间以及不具备劳动能力的时间，剩下的大部分时间都是在工作中度过的。具有强烈使命感的人，不但明白自己要实现一定的价值，而且会主动地为自己的工作增加负担；不但具有坚强的意志和坚韧不拔、埋头苦干的决心，还会在工作过程中不断地研究探索，以求做得更好，创新更多。他们不是被动地等待着上级命令的来临，而是积极主动地寻找目标和任务。他们不是被动地适应工作使命的要求，而是积极、主动地去研究、变革所处的环境，尽力做出一些有意义的贡献，并从中汲取再一次走向成功的力量。

　　带着使命感工作的人是会对事业充满热爱的人。他会把爱和进取精

第七章 乐于奉献，用使命感激发工作主动性

神融入所从事的工作中，把工作当成乐趣，积极主动，充满热忱，想方设法把事情做好。对待工作他们浑身有使不完的劲，潜能一次又一次地被激发。他们的工作成绩一再得到提高，业绩也越来越好。相反如果对工作没有使命感，工作就会消极被动，总是在无休止的命令中勉强应付。领导不满意，自己也心身疲惫。看到别人有明显提高，心里也曾想过要努力追上去，但又不愿马上行动起来，于是成了空想家，想法总是很美好，却没有勇气去落实。有使命感的人，工作不用上级催，不用领导问，主动积极地为上司分忧，想上司所想，急上司所急，想尽一切办法来解决问题，抓住所有时间来多做些事，这就是有使命感与没有使命感的区别。有使命感的人从来不懈怠，他们总是在与时间赛跑，向自己挑战。

主动积极工作最主要的是行动起来，没有行动，一切都是空话。有些人总是想做出成绩，但又不付诸行动，成绩也就从来没有青睐过他。世界上牵引力最大的火车头停在铁轨上，为了防滑，只需在它8个驱动轮前面，塞一块一英寸见方的木块，这个庞然大物就无法动弹。然而，一旦这只巨型火车头启动，这小小的木块就再也挡不住它了。当它的时速达到100英里时，一堵5米厚的钢筋混凝土墙，也会轻而易举地被它撞穿。从一块小木块令火车头无法动弹，到火车头能撞穿一堵钢筋水泥墙，这件事足可以证明，火车头一旦开动威力会变得多么巨大。等待和犹豫始终不会有结果，想要有成绩，就要立即行动，以强烈的使命感和责任感来工作。

职场上最怕的就是被动，总是在等待领导给你安排，等待计划下来之后你再去准备，总是等待别人过来主动协调和帮忙，这种被动会让你养成懒惰的习惯，会让你失去许多机会。有使命感的人始终都是具有计划性的，他们会在领导未说出口前把事情准备好，会在大家都慌张时情绪稳定地拿出可行性分析计划。同一个办公室，有的人忙得恨不得让时

立足岗位
干好本职工作

间停驻，有的人却闲得发慌。领导问原因，他们振振有词：你吩咐的工作做完了，没事了！可以断定，不出三次，你会被老板赶出办公室。千万不要认为只要准时上下班、不迟到、不早退，按时完成老板交待的任务就是尽职尽责了、就可以心安理得地去领工资了。工作需要的是一种自动自发的精神。自动自发工作的员工，将获得工作所给予的更多的奖赏。那些每天早出晚归的人不一定是认真工作的人，那些每天忙忙碌碌的人不一定是很好地完成了工作的人，那些每天按时打卡、准时上下班的人不一定是尽职尽责的人。在他们眼中，工作就是用体力或脑力来交换对等的薪水，没有其他任何意义。在企业里，每个老板都希望拥有自主、积极的员工。虽然听命行事相当重要，但是个人主动进取的精神更重要。他们需要的绝不是那种只是循规蹈矩却缺乏热情和责任感，不能够积极主动、自动自发工作的员工。工作积极主动、敢于负责任的员工才是他们最乐意挑选的搭档。

  缺乏主动工作的意识就是缺乏使命感与责任感。没有把工作与自己的人生联系在一起。工作从意识形态上可以分为两种，一种是主动积极工作，一种是被动的、由人指使的工作。主动工作的人是发自内心去做好自己的本职工作，尽管有可能还没有喜欢上这份工作，但他们懂得工作的责任与使命，并愿意通过努力去完成使命。主动工作的人总是有强烈的责任心和上进心，他们渴望成功，渴望通过努力来达到自己期望的高度，实现理想与愿望。他们从来不会对工作抱怨，而是服从安排，兢兢业业，任劳任怨。可能在别人看来他们有些傻，但他们的执着却从来没有改变过。事实证明，他们总是比那些工作需要监督和管理，需要靠制度来约束的人容易成功。被动工作的人从来没有热爱过自己的工作，他们往往迫于无奈而工作。他们整天抱着一些虚幻的不切实际的想法，他们的人生没有明确可行的目标和方向，工作没有热情，不讲方法、效率和效益。上班等着下班，工作盼着假日，一遇到困难就怨天尤人，怨

第七章 乐于奉献，用使命感激发工作主动性

声载道，常常为自己完不成任务找借口、找理由，很少为完成工作任务积极想办法、找点子。平日里也是只想少付出，多得到，甚至是不付出也能得到。总是想各种办法减少、拖延工作，或经常做一些无效工作。看似很忙，实际无所事事。他们做一点事就希望马上得到等值或超值的回报，生怕吃一点亏。他们如机器一样等待指令，完成指令，从不多做一丁点儿。他们工作的大部分时间都处在"等"的过程中，等指令、等下班、等工资……等来等去最后等到最多的是被辞退。

有责任心与使命感的人都是有主人翁思想的人。如果一个企业里所有的人都有主人翁思想，都带着强烈的责任感与使命感在工作，那么这个企业必将会立于不败之地。著名的国际商业机器公司（简称 IBM）要求每一名员工都树立起一种态度——我就是公司的主人。有了这种意识，无论你是高管还是普通员工，对所从事的工作就会更加积极主动，更加认真仔细。有了这种意识，就会严格要求自己，不会出现差错，不会拖延，不会计较谁做得多，谁做得少，也不会考虑薪水与自己的付出是否成正比。主人翁思想就是把企业当成家一样，爱它，呵护它，让它越来越好。有了这种意识，也就明白了自己的使命，会把自己的命运与这个使命紧紧联系在一起，为这个光荣的使命而努力。

研究表明，除了少数人具有一些天才基因外，大多数人智力是相近的，那为什么有的人一生硕果累累，有的人一生却碌碌无为呢？就是因为他们在工作中付出的各不相同，所以结果也就不相同。也许从一进入职场开始你就没有想过为什么要工作，为了谁而工作？也许你根本就是在为老板做事，替他打工。这种想法当然是做不出成绩来的。把工作当成人生中必不可少的重要事情，把岗位当成是走向成功的途径，把岗位责任当成是人生追求的使命，只有明白做好本职工作才会有更大的发展、才能得到职场竞争入场券的道理，你才会转变态度，会主动积极地工作，以工作为乐，以贡献社会为人生最终目标。当我们达成了人生所

追求的目标之时，视野就会变得越来越开阔。开阔的视野不仅会给我们带来更多的机遇、更多的财富，同时还会使我们更具创造性，让我们一步步走向成功的明天。

谁都是在为自己工作，谁都是在为自己的明天而奋斗。为别人工作的原因只是别人为你提供了一个为自己工作的平台与机会而已。摒弃那些不好的想法，带着责任感和使命感去做事，就没有做不好的工作。

2.自觉一点，机会就会更多一点

自觉性表现为能自觉地努力工作，凭借自己的信念来调整自身的工作行为；能独立地、自觉自愿地根据工作的需要来约束自己的行为；自觉地排除工作进程中遇到的各种困难；自觉地评价自己的工作行为和目标要求之间的差距，并据此修正自己的行为。一个人是否能在工作中自觉去完成任务，靠的是自身的自制力、踏实、恒心、勤奋、刻苦、毅力、忍耐性、顽强性、挫折承受力等诸多方面的因素。但不管是哪方面的因素，都与心态有着直接关系。首先从心理上就认同自己的职业。一心想要把本职工作做好的人，自然不需要别人来催促、监督。每个企业都有规章制度，有的人视制度为魔鬼，束缚了自己的自由，有的人却视制度为助手，为自己获得更多的机会，这就是每个人对工作态度不同的结果。人们说"机会是留给那些有准备的人的"，不管在哪个岗位，不管自己从事什么职业，自觉坚守岗位、做好本职工作，总是会比别人获得的机会多一些的。

第七章 乐于奉献，用使命感激发工作主动性

六年前，我被万福楼酒店录用为服务生之后，参加了酒店举办的为期半个月的技能培训。培训的主要内容是摆台、折纸巾、斟酒等。第一堂课，我成了二十多个服务生中表现最差的一个。不服输的我，当晚就在家里操练起来。我把家里的茶具、酒瓶、酒杯全部找来，还找来一块大红的塔夫绸……所有动作和要求，都是按照领班讲的去做，一遍一遍直到瓷餐具在我手里不再想溜，酒瓶对着杯口不再颤抖，塔夫绸在我的手里也能折成一朵简单的花……

第二天在实习表演的时候，领班发现了我。她说，我不是表现最好的一个，但却是进步最快的一个。在安排岗位的时候，经理突然发现酒店还差一名DJ，就问领班服务生里有没有可造之才，领班把我推到他面前说我是接受能力最强的一个。于是，我成了一位资深DJ的学生。他手把手地教，我尽心尽力地学。三天之后，DJ老师走了，我已经能够熟练操作DJ间的所有设备。

四年后，为了追求更大的梦想，我南下深圳，通过老乡介绍，进入一家服装厂打工。刚开始的时候，我只能完成车商标之类简单的工序，工资比别人低一大截儿。空闲时，我就找来废布，学做领子和开口袋。一遍又一遍。一个月后，组长见我做的领子不错，口袋也算开得周正，就给了我更多的学习机会。两年后，我从深圳来到广州一家集生产、销售于一体的服装公司。我想进入销售部，可公司不直接招聘销售人员，所有的销售人员都必须从技术部里选拔。这天上午，正在赶一批西装时，中央空调突然坏了。8月的广州，没有空调的厂房可不

立足岗位
干好本职工作

是人待的地方，而这批西装的货期很短，必须分秒必争地赶货，在这紧要关头，当然不能停工。所以，虽然车间里热得似火炉，员工们仍自觉地继续工作，只是不时地拿毛巾擦一把脸。我有点胖，就更怕热了，真想去六楼凉快凉快！可一抬头，发现技术部的几个同事早已没了踪影，在这种情况下，我就不能再走了！我一边不停地用一块纸板当扇子扇风，一边在车间里来回走动。在六楼办公的老总听说生产车间的空调坏了，就下楼来察看。他四处看了一下之后，走到我跟前，问技术部其他人员去哪里了，我还没来得及回答，一个组长就抢先说，他们早就凉快去了。第二天，一纸调令，我被调进了销售部。老总说，一个人有这样的责任心，没有什么做不好的，而销售部，是体现一分耕耘一分收获的地方，它能让你的付出得到应有的回报。

在销售部，我是一个没有任何经验的新人，我买了一些关于市场开拓方面的书，一边自学一边向同事虚心请教。几个月后，公司下属的一家工厂生产了一批女式针织上衣，因为裁前没有做好缩水测试，造成成衣尺寸普遍缩小，缩小幅度竟有两寸之多！公司为此专门召开部门会议，商讨怎么处理这几万件已经裁好的针织裁片。有人提出把这些半成品做成成衣，当次品销售；有的说，塞到正品里卖，不合格率也不过百分之一，不会出问题。我建议把那批裁片修成童装，因为那种针织面料又软又细，非常适合儿童穿着。虽然这样会有大量的工作要做，但对公司的声誉不会有丝毫不良影响。这个建议很快得到了老总的认同，他安排技术部设计了几套儿童服装，并指定由我来进行这个项目的市场运作。不久，经修改后生产的第一批童装完工了，我作为这个项目的负责人，对这批已经包装的童

第七章 乐于奉献，用使命感激发工作主动性

装进行抽查。公司有个抽查标准，即：每一型号抽查率达到百分之一，数量上达到千分之五。因为这批童装的特殊性，我将抽查率提高到了百分之十。在抽查过程中，我发现有几件加大码的尺寸偏大，就加强了对QC（质量控制）的质检要求。于是，大量的返工出现了。老总知道返工的原因后，对我说："你做得对，信誉是企业的生命，而产品是好信誉的保证。"

就靠着这点认真劲儿，那批童装取得了出乎意料的好效益：本来会造成经济损失的裁片，后来为公司净赚了150万元。一年后，我成为该公司新成立的儿童品牌服装厂运营总监。

从一个职场新人到市场总监，从一个服务生到白领，不是依靠背景，更不是走什么不正当的门道，他的成功只有两个字可以解释：自觉。一切工作都自觉的，主动的。哪怕是从折纸巾、摆台和斟酒开始，都自觉练习，直到比别人更优秀为止。之所以自觉，是因为把自己的职业看得重，是希望能在自己的岗位上做得更好。人什么都不会没关系，主要是愿意学，愿意自觉地把不会的东西学会，把大家都会的练得更优秀。如果只是把工作当成是任务来完成，思想上就会懈怠、行动上就会受约束。因为工作处处自觉，就赢得了一次次机会，也就加快了人生成功的步伐。

有的人不一样，他们天生就没有自我约束力，工作一定要有上级盯着才能勉强完成，一旦没有监督与约束，他们就会偷懒，就会蒙混过关。老板分配的任务多一点也是满腹牢骚，下班晚一分钟也恨不得让老板加工钱。他们的词典里从来就没有自觉两个字，也不知道自觉会让自己得到什么。他们甚至鄙视那些工作自觉主动的人，认为他们是在"讨好"老板，做形式，做样子。可真的等到别人的机会比自己多，成

立足岗位
干好本职工作

绩比自己优秀时又满是怨恨，认为这个世界不公平……除了完成本职工作，我们还可以自觉地找一些事情做，帮助其他同事、替老板分忧都不失为一种正确的做法。可能短时间内你的付出看不出什么优势，但时间一久，当有机会的时候，别人自然就会想起你。况且在工作过程中你得到了提升，能力会更强，做起事来也就更容易。老板有太多的事情要做，他安排的只能是在大约的时间内能完成的事情，不可能精准到每个小时。比如一份资料他安排你三天内完成，实际上你可能只需要两天的时间，那么还有一天你可以去做更多的事情。我们在开展工作的过程中总是有难以预料的事情发生，如果始终等待老板交待后再来工作，至少有一半的时间我们会在等待中消耗掉，可见如果工作不自觉一点，主动去找事做，该是多么大的浪费。

机会很多但又可能转瞬即逝。要想把握它，就要在工作中寻找良方。自觉工作就是其中一种。自觉工作不仅是对老板忠诚，也是对自己负责任，不仅会对他人有帮助，自己也会得到提升，可以说自觉工作是百利无一害的，所以，你还在犹豫什么呢？

3. 工作没有"分内"和"分外"的区别

每个人踏入职场，都会被安排到某一个岗位上，这就是你的工作。许多人觉得"一个萝卜一个坑"，做好自己的工作就万事大吉了，其他的事情与我毫无关系。职场上的你是不是也曾这么想过？"这不是我分

第七章 乐于奉献，用使命感激发工作主动性

内的事情"，人们常常以这个理由来拒绝做一些看似不是本岗位的工作。作为一名员工，要想在工作中有所作为，取得成功，对自己要有客观认识，不要强调分内分外，除了尽心尽力地做好本职工作以外，还要主动去做一些其他的工作，这对于一个人的成长，往往会产生意想不到的作用。职场里永远没有分外的工作，凡是公司需要，对企业有利的事情，都是我们分内的工作。很多时候，你认为是分外的工作其实是对你的一种考验，如果在这份工作中你表现出任劳任怨、乐于接受，你的上司会记住你，你的同事也会记住你，而机会也许就在其中。那些愿意主动分担一些岗位工作以外的事情的人，看起来确实是辛苦，有时还吃力不讨好，但成功的人往往也在他们其中。过分强调"分内"与"分外"，只干"分内"的事而不管"分外"事的人，往往会失去一些成功的机会，使自己始终在原地踏步。做好本职工作证明你是一个称职的员工，做得更多，处处为企业着想的人才是优秀员工，才是企业可以依靠的人才，才会得到老板的重用。

小敏在一家广告公司行政部做文员，每月拿着不多的薪水。小敏的普通话讲得很好，更难得的是，她的音质也很好，以前还在大学里当过校广播站的播音员。公司老总听到这个消息后很是高兴："你来咱公司半年，我才发现你原来如此多才！很好，这样吧，以后咱们公司给客户拍摄的视频广告的解说词，你负责给配音吧。"公司以前请当地电视台的一位播音员配音，对方不但要价较高，并且因为突发的播音任务或者是临时开会，还不能够及时赶到公司配音，让老总很是苦恼。公司自己建立有专门的录音间，见小敏音质这么好，就有想培养自己内部配音员的念头。公司给客户制作的视频广告一般也就两分钟左右，那些解说词对于做过播音的小敏来说并不是难

立足岗位
干好本职工作

事,过几遍就可以一次性通过录音。本来有这个机会小敏还是蛮高兴的,但是一段时间过去,老总一直没提涨工资的事情,于是小敏找到老总说:"我做的是行政工作,配音的事情,我恐怕做不好。老板,你还是另外想想办法吧。"

被小敏拒绝后,老总虽然心里不快,但是,表面上没有表现出来,他一直留意从公司内部找适合配音的人选。很快,他发现公司的前台小刘普通话也很好,音质也很不错。当初招聘前台的时候,考虑到接待来访者,于是对普通话以及音质要求比较高,没有想到居然成就了意外之喜。于是,老总就让小刘帮助配音,小刘兴高采烈地答应了。小敏心里暗骂:"天下傻瓜还真不少哇,又不多给工资,为什么要干分外的活?"

小刘对这不挣钱的兼职配音非常上心,上班的空闲时间就跟着电脑学习中央电视播音员的字词发音,小敏暗暗嘲笑:"没见过这么幼稚的!"对于配音后的广告片,客户根本没有听出这就是公司前台小刘配的音,老总心里暗暗得意。两个月后,公司给小刘涨了工资,并且是以前工资的两倍。小敏知道后,很后悔当初自己没有答应老板,现在想去也没机会了。

小刘不但兼职配音,如果公司制作部下班后在加班,她还主动过去帮忙,学习广告片的剪辑。当然,这种帮忙性质的学习是不另外加工资的,但是小刘依然做得很认真。很快,她就熟练地开始了广告制作。又过了一年,她被调到公司制作部,担任制作部的副主管,工资又涨了一次,她现在的工资是小敏工资的三倍。

"这不是我分内的工作"其实表述的是你不愿意负责,不愿意付出。职场上,一个员工如果把工作绝对地分成"分内的"和"分外

第七章 乐于奉献，用使命感激发工作主动性

的"，领导也自然容易把你当"外人"，职场发展的机遇也自然成了你"分外"的事。多做事，少挑剔，任劳任怨从来都是职场上成功的潜规则。多干才能有经验，才能把握机遇。一味地盯着薪水来做事，是一种目光短浅的表现，这种表现往往会让机会与你擦肩而过。我们应该把职场当成自己的家一样。你见过在家中分工明确，做饭的从来不洗碗，洗碗的从来不拖地的家庭吗？既然是一家人，就要一起承担，谁有时间谁来做家务。公司里也是一样，只要把企业当家，你就不会说出"这不是我分内的事"的这种话，你就会像钉子一样，哪里需要就去哪里。"旁观者"永远没有说话的权利，因为他始终都被视作"外人"。所以当我们遇到一些不是本岗位上的困难时，也应积极、主动地为公司处理好这些事情。尽管上司没有交代，也要把他们当成自己应该履行的职责，认真、尽责地把它处理妥当，这才是一名优秀而出色的公司员工应该做的。

任何一位在职场打拼的人都应该注意到"分外事"对于自己的工作有着怎么样的价值。只有那些将"分外事"也看做工作一部分的员工才能够赢得公司更大的信任，也为自己的成长赢得更多的机会。作为企业这个大家庭中的一员，只要与工作相关，只要事关公司利益，只要工作需要，就都是属于我们的工作，都是我们分内的事情。任何一个有进取心的人，都不会介意在做好自己分内事情的同时，尽自己所能每天多做一些分外的事情、多做一些有利于他人以及工作的事情，这会使你得到比他人更多的成功机会。

弗朗士是一家超级市场新招聘来的最基层员工，他只是一个不起眼的包装工，看不出他的工作有什么远景。如果要遣散什么人的话，他大概就是第一个被考虑的对象了。但是，意料不到的是，弗朗士很快成了老板眼中有价值的员工。

立足岗位
干好本职工作

首先，他告诉载货部门的头儿："我没事的时候可以来这里帮忙，多了解一下你们部门工作的情形。"然后，他就花些时间在那里帮忙做些分外工作。之后，他跟畜产部门经理说："我希望有空时来这里向你学习，了解你们包肉和保存的过程。"一阵子之后，他又分别到烘焙、安全、管理、清洁甚至信用部门帮忙。

三个月后，弗朗士几乎在公司所有部门都游走过了，一旦某部门有人要请假，自然而然地想到请弗朗士去顶替。几个月以后，恰逢经济不景气，老板只好请一些人离职。有些人认为弗朗士这类人肯定要被裁掉，可是弗朗士却被老板留了下来。一年以后，超市生意好转，有个经理的职位空缺，老板又毫不犹豫地想到了弗朗士。

其实工作无所谓"分内""分外"，正如弗朗士一样，我们完全可以把这些工作当做一次次学习的机会。也许在有些人看来，弗朗士有些傻，明明不是该他做的事，他却主动去做，但是，正是这些不该他做的工作，让他了解到了各个部门的情况，而他的勤奋好学也让老板注意到了他。所以说，其实在弗朗士做经理前，他就已经身居其位了。

"这不是我分内的事"听起来好像有些道理，但它体现的却是一个团体的凝聚力问题。企业不是个人行为，它需要整个团队的共同努力才能达成愿望。一个有着长远目光的员工不会说这句话，在他们眼中，任务不分分内分外。他们懂得一个道理：只要是需要自己去完成的，就一定是分内的任务，没有什么分外，哪个岗位都是为企业出力，都是为自己工作。所谓的"分外"，只不过是那些不愿担负责任的人的借口。我们试想一下，当一个任务摆在眼前，老板希望看到的是大家都毫无怨言

乐于奉献,用使命感激发工作主动性

地去接受、去完成,还是相互推诿、以各种理由来推托"这个任务不是我分内的事"？团队是需要协作的,大家都只顾自己"分内"的事,各干各的,如何才能把一块块木头变成高楼？工作没有"分内""分外"之分,把目光放在自己的岗位上,认为这就是"分内",只做这单一的事情,无异于画地为牢,把自己困在其中。多接触、多学习、多进步才是对自己负责,对社会负责。一个领导,既会会计,又懂出纳,还会采购,这些本领不是他与生俱来的,而是从工作中学来的,而在此之前,打字文员才是他"分内"的事。所以光做"分内"的事对公司的损失并不大,最大的损失在于自己失去了提升的机会,也失去了成功的机会。

4. 不仅要坚守岗位,还要主动补位

补位,原本是足球运动术语,指防守中本队队员被对手突破时,另一队员前去封堵。足球场上补位是一种化解危机的有效方法。用于职场,同样有效。不管哪个企业,无论分工多么明确仔细,总有各种缺位、借位的现象存在。一个人请假,他的位置会空缺、一个人离职,位置也会空缺。每天都有人因为各种原因而缺位,公司不能因为一个人的空缺影响一场合作。这就要求我们这些坚守在岗位上的人不仅要给自己定位,还要及时补位。当某一个岗位的人不在而这时又特别需要人的时候,我们把这个时间点叫做"责任空白"。"责任空白"不是小事,有

立足岗位
干好本职工作

时候可能会让公司遭受巨大损失。作为公司的一员,当"责任空白"出现时,不要觉得那不是自己的事,也不要被动地等待安排,一旦认定了这件事对公司有益,就该积极主动地去补位,把自己立于那个"责任空白"的岗位上,负起责任,做好该做的事情。补位不是做管闲的事,更不是做"分外"的事,既然在同一个公司,我们就要懂"一荣俱荣,一损俱损"的道理。

英国钢铁大王安德鲁·卡内基年轻的时候,曾经在铁路公司做电报员。有一天他值班时突然收到了一封紧急电报,原来在附近的铁路上,有一列装满货物的火车出了轨道,要求上司通知所有要通过这条铁路的火车改变路线或者暂停运行,以免发生撞车事故。

因为是星期天,一连打了好几个电话,卡内基也找不到主管上司。眼看时间一分一秒地过去,而正有一次列车驶向出事地点!此时,卡内基做了一个大胆的决定,他冒充上司给所有要经过这里的列车司机发出命令,让他们立即改变轨道。按照当时铁路公司的规定,电报员擅自冒用上级名义发报,唯一的结果就是立即开除。卡内基十分清楚这项规定,于是在发完命令后,就写了一封辞职信,放到了上司的办公桌上。

第二天,卡内基没有去上班,却接到了上司的电话。来到上司的办公室后,这位向来以严厉著称的上司当着卡内基的面将辞职信撕碎,微笑着对卡内基说:"由于我要调到公司的其他部门工作,我们已经决定由你担任这里的负责人。不是因为其他任何原因,只是因为你在正确的时机做了一个正确的选择。"

卡内基明知道擅自冒用上级名义发报,唯一的结果就是立即被开

第七章 乐于奉献，用使命感激发工作主动性

除，但是为了避免发生车祸，他宁可冒着开除的危险也要做这个决定，结果他赢得了负责人的职位。

补位有时候有可能会让自己冒一定的风险，但只要是能为公司减少损失，个人利益又算得了什么呢？也正是这种无私的想法，才成全了卡内基。大部分人都知道坚守岗位是自己的职责，却不认同"补位"，有的甚至认为"补位"是把不关自己的事揽到自己身上，给自己找麻烦。其实与坚守岗位一样，补位同样是为公司做事，而且做的是公司急需要的事，我们何必要划分得那么仔细呢？在一个企业中，因为事务繁忙，总有人员出现空缺的时候，即便人才济济，管理者在分配任务的时候，也可能在某个细节上出现漏洞。这时，更需要有责任心的员工及时查漏补缺、及时补位。每个公司都会出现一些无人负责的事情，这时就需要员工有一种补位意识，特别是在责任出现交叉的时候，更要以公司利益为重，从维护公司利益、拓展公司业务出发，把相关工作做好。多做一些事情，做的事情越多，你的地位越重要，掌握的个人资源和工作资源也就越多，情形对自己就越有利。经常能做好本职工作又善于补位的人，一定是上司器重的员工。这样的员工也就是给自己的成功架设了更多的梯子，他们自然比别的员工有更多的提升机会。身在职场，我们不光要有过硬的专业技术，还要有乐于为公司效力，愿意比别人做得更多，时刻为公司着想，以公司的利益为重的思想，这样才能将自己立于不败之地，才能让自己的道路越走越宽。而这些并不是我们从书本上能学到的，而是通过长时间的经验积累、在问题面前灵活掌握、以良好的心态来要求自己才能做到的。

那天中午刚下班，市场部文员赵佳燕出去吃饭时，发现前台没有来上班（为了公司不进闲杂人员，平时前台在大家去吃饭的时候，都是坚守岗位的）。她询问了一下人事部，才知

立足岗位
干好本职工作

道前台请了病假。赵佳燕知道公司很多同事都是大大咧咧的，中午出去吃饭时，办公室的门根本不关。因为担心小偷混进来作案，赵佳燕就让一位同事帮忙带份盒饭，她自己坐在前台的位置上值班。老总很忙，一般是处理完自己手中的事情才出去吃午饭。这天他出去吃午饭的时候，午休已经开始二十多分钟，员工们都出去吃饭了。老总的办公室在走廊深处，他路过公司各个部门办公室的时候，发现几乎都是大门敞开，里面空无一人。让他很奇怪的是，市场部的赵佳燕却一个人坐在前台位置上。老总问道："你不吃饭，在这儿坐着干吗呢？"赵佳燕说明原委，老总笑了："你想得很周到，很好，不过，一定不要耽误吃午饭啊！"

公司在写字楼的地下室二层租有仓库。当天下午下班的时候，赵佳燕走出写字楼大门，发现销售部的几位同事在大汗淋漓地从地下室往卡车上搬货物。赵佳燕感觉很奇怪："都下班了，你们还忙活什么呢？"销售部的同事说道："刚才一位老客户紧急要一批货，我们这不是赶时间发货嘛，准备装好后去火车站走铁路货运！"赵佳燕说道："你们销售部十多个人呢，咋就你这几号人当苦力，其他的人呢？"销售部的同事说："近期销售部很忙，大多数人都出差了。"赵佳燕见状就帮助他们搬运货物，一直忙到晚上八点才回家。销售部经理很是过意不去，在申请加班费的名单上，写上了赵佳燕的名字。加班费申请名单到了老总手里，老总感觉很奇怪："赵佳燕是市场部的员工，你们销售部加班，为什么给她申请加班费？"销售部经理把赵佳燕主动帮助销售部搬货的事情向老总汇报了一遍。老总听后，说道："嗯，确实应该给。"然后很愉快地在这份加班申请单上签了字。

第七章 乐于奉献，用使命感激发工作主动性

半个月前，公司的行政部主管调到一个分公司担任分公司经理，赵佳燕被调到行政部担任主管。赵佳燕很是忐忑不安，她找到老总说："于总，我以前就是市场部的一个小文员，您突然把我提拔为行政部主管，我感觉胜任不了啊！"老总笑眯眯地说："小赵，你放心，我不会看错人的。你以前是市场部的文员，你给自己定位很好，本职工作做得也很优秀。但是，我更看重的是你'补位'补得好，不管公司哪个部门缺人手，你都会积极主动地去帮忙'补位'，你对公司这么有感情这么有责任心，让我很感动，其实，行政部主管说白了就是一个公司的'管家'，我觉得你特别适合这个职位。"

善于补位的员工原本也只是为了公司的利益着想，只是因为人员一时空缺而自己又刚好在，又会做对方的工作，所以才毫不犹豫地上去补位。但他们的行为却让老板们大为欣赏，把他们当成是公司的"宝贝"。因为公司太需要这种各行业都懂又愿意及时补位的员工了，只要有这种员工在，任何困难都不会到老板跟前来，他们会积极想办法，动脑筋去解决。有了这种员工，公司不会遭受无故的损失，不会因为人手不够而耽误工作。一名员工对公司的感情会转化成为老板对员工的感情，如果你对公司就像对自己的家一样，老板自然就会把你当成家人一样对待，同样的，如果你老是把公司当成是别人的，自己只是在挣生活费，那你就永远是公司的"外人"，外人是不能涉足自家人的生活圈子的，这就是你始终不能成功的原因。

我们提倡积极补位并不是让你每天盯着别人的岗位，看有没有人空缺，你好补上去让老板看到你的工作态度。补位是建立在做好自己的本职工作基础上的。连本职工作都做不好的人，就算是替他人补位，也一定有他的目的而不是单纯地替公司考虑。因为连本职工作都做不好，又

立足岗位
干好本职工作

怎么能够负得起其他职位的责任呢？所以在做好本职工作的前提下积极补位的员工，才是真正的好员工，才是公司少不了的人才。

5.不怕困难，主动迎接挑战

困难有很多种，困难的程度是由人的心态决定的。大多数人把对当前无法克服、无法处理得完美的事情看成是困难，但同样一件事情，对于别人来说，则不一定如此，所以困难是因人而异的。也就是说困难与人所处的环境和当时面对问题的心态都息息相关。就像一个人出门遇到下雨，刚好他没有带伞，周围又没有可以避雨的地方，于是他认为遇到了困难。但同样是遇到这场雨的另一个人却因为下雨了更加凉快而在雨中欢畅，那么此时雨对另一个人来说就不是困难。困难在我们生活中无处不在，我们的人生因为解决了无数的困难而变得精彩。从这个角度来讲，困难是我们生活中必不可少的色彩添加剂，没有困难，人生会变得单调而乏味。当一个人解决掉一个曾经认为很困难的问题时，他的内心是满足而自信的，他会因为这件事情而对未来充满信心。困难与成功总是有着千丝万缕的关系，成功的路，一定有困难无数，而有困难的地方才会有成功。没有谁的一生是一帆风顺的，没有谁一生没有走过弯路、不曾遇到困难的，而面对困难的态度就是你能不能成功的关键。

有些人天生对困难就有恐惧症。他们害怕在困难面前自己因为能力不足而无法解决；害怕因为解决不了困难而被他人看低；还怕困难会阻

第七章 乐于奉献，用使命感激发工作主动性

挠自己向前。于是一旦遇到困难就开始逃避，开始找借口远离，实在不行就推给别人，反正自己是能躲多远躲多远。在职场上，越是害怕困难的人越是容易遇到困难。为什么？困难原本就是欺软怕硬的家伙。你越是害怕它，它越是处处纠缠你，在你面前洋洋得意，它不光是挡住你的去路，还会使你失去信心，甘愿臣服于它。但如果你无所畏惧，主动迎战它，它却会软弱求饶。可见在工作中遇到困难并不可怕，只要我们直面迎接它，敢于向它挑战，我们就一定能战胜它。甘愿向困难低头的人并不一定是没有真本领的人，他们之所以害怕困难，只是缺乏自信。他们总以为困难不好惹，困难是有大智慧大能量的人才能对付得了的，而自己只不过是普通人，不具备迎战困难的能力。对于那些看起来比较难度和复杂的工作，还是躲远一点好。所以，当他们面对工作中的困难时，总是一躲再躲，从来不敢主动发起"进攻"。如果困难的工作"不幸"轮到自己的头上，就总是想方设法拖延、推脱。结果离机会越来越远，与成功越来越无缘。没有任何困难会因为你回避它而自动消失，没有任何烦恼会因为你不去想而烟消云散。如果你还存有成功的希望和梦想，如果你还想做出点成绩，你就没有别的选择，你就必须去面对那些困难，勇敢迎战它，只有这样，你才能有机会看到躲在困难身后的机会。

职场人都希望能与老板走得更近，得到老板的关注与提拔。但同时他们又埋怨自己做得比别人多，得到的比别人少。这种人永远都被自己的思想禁锢着。一方面他们希望老板对自己另眼相看，另一方面他们又希望自己的工作轻松而简单，稍微多做一点就会认为不公平，自己吃了亏。稍微被否定就认为老板是在故意为难自己，给自己的任务是根本不可能完成的。怨念太多以至于忘记了自己的初衷，忘记了自己的梦想，同时也失去了成就梦想的机会。作为一名希望成功的职员，当困难到来时，我们应该有不战胜它不罢休的坚强意志和决心，大胆去挑战它，去

与那些看似不可能完成的任务搏斗。与其花大量的心思去逃避和推给别人，还不如让自己放手一试，当你真正迎战困难的时候，会发现它其实并没有你想象的那么可怕。有实验表明，一个人如果期望自己成为什么样子，他的行为就会朝哪个方向发展。比如你总是害怕自己战胜不了困难，那么困难对你而言就是无形的障碍，它会让你哪儿都走不通。当困难来临，我们应该保持清醒的头脑，冷静地分析问题，找到问题的源头。世界上没有永远的困难，也没有解决不了的困难，只是解决的方法、时间长短不同而已。有一句话叫"只要思想不滑坡，办法总比困难多"，说的是只要思想上有战胜困难的决心，办法总是会有的。面对工作中的各种困难，心态是非常重要的。我们要学会调节心态，改变自己看问题的角度。职场上没有人不会遇到困难，哪怕他能力再强，本领再高。所以不要有自卑心理，认为自己能力不够，无法解决困难。要战胜自己的决心，才会有战胜困难的信心。当我们被困难阻住脚步的时候，要从多方面考虑，是否方向不对，或者方法不对。只要肯付出努力，办法总会有的。"种子不落在肥土而落在瓦砾中，有生命力的种子决不会悲观和叹气，因为有了阻力才能磨练。"我们每一个人的命运也一样，成功并不完全取决于我们的学历、经验和出身，更为关键的是，我们有没有一个积极的心态，有没有奋斗的决心，有没有为目标付出努力的醒悟。

2009年，在襄阳务农的刘沙进入际华，成为一名纺织女工。她下定决心"不给农村人丢脸"。刚开始，技术操作不得要领，刘沙暗地里急哭好几次。但她有一股不服输的拼劲和钻劲，"我在冬天的寒风中彻夜苦练技术，手冻得厉害了就放在热水里泡一泡继续练习"。功夫不负有心人。不到半年，刘沙练就了"快手"，每分钟可以处理"结头"36个，比同年进

 第七章 乐于奉献，用使命感激发工作主动性

厂的姐妹多了近10个，处理"断经"速度则要快25%。在公司春季操作运动会上，她一举打破公司断经停台处理纪录，成为职场"状元"。

"我不是比别人更优秀，只是在困难面前从不曾低头"。如果我们在任何时候都能够有底气地说出这句话，职场上就没有能困住我们的难题，就没有我们解决不了的困难。如果当困难来临，老板需要你的时候，你能够站在队伍的前列，大声说出"我可以"，这样你就成功了一半。可能有人会说，我也不喜欢自己逃避的行为，但就是没有勇气去面对困难，从心底里害怕它。这其实是缺乏自信的表现。从某种意义上来说，人是靠精神意念来支撑行为的。一个信念的支撑往往会使很多不可能的事情变成可能。许多人在最初开始做某一项工作的时候都不被别人看好，但后来却成功了，就是因为他们有坚定的信念，相信自己一定能行。有些困难看起来确实是不容易攻破，但也绝不是无路可走，只要坚持，只要有信心，愿意为其努力，就一定会有办法解决。对于新入职场的人来说，可能因为没有太多经验、没有更好的帮手，所以困难就显得特别多。但也正是初入职场的困难才能够帮助你快速成长。所以不要认定困难是拦路虎，是阻碍你成功的绊脚石，相反，它是你的机会，是助你成功的最好帮手。敢于面对困难，会让老板对你刮目相看。克服了困难就等于超越了日常的平庸工作，减轻了老板的负担，老板当然就会关注你，重用你。同样，拒绝去面对困难，老板会认为你能力平平，不愿意为他分忧，甚至会认为你是在拆他的台，结果可想而知。以后再有机会，老板首先考虑的是他眼中的能人，而你只能在一旁"坐冷板凳"。

思维决定行为，有怎样的思考决定着过怎样的人生。当我们从心理上相信自己，并愿意为了工作而去寻找最佳方法的时候，你就已经站在比别人更高的地方了，而困难会在你的努力下变得不堪一击。

立足岗位
干好本职工作

6. 拒绝拖延，及时完成工作

曾有一篇《一分钟》的文章，大概意思是一位学生在闹钟响过之后再赖床一分钟，洗脸刷牙后再晚一分钟吃早餐，吃完早餐停顿一分钟再上学。在他看来，不过一分钟而已，没什么大不了的，决不会上学迟到。没想到的是，就因为那一分钟，远远地看着公交车走远；也就是因为那一分钟，赶到学校时已经是第二节课了。人们往往不会在意一分钟，因为一分钟我们实在是做不出什么事来，却忽略了时间正是一分钟一分钟累积起来的。丢了这分钟，少了那分钟，结果什么事都没有做好。在职场上，这便是拖延。拖延会有两个结果。一个是使任务目标在规定的期限内无法完成，另一个是使任务目标在本该结束的时候才刚刚开始。不管哪个结果，都是失败的，都是任务目标没有完成。俗话说职场如战场，机会稍纵即逝。如果什么事情都拖延的话，到最后就会拖垮一个项目甚至是整个企业。

可以说拖延是职场的最大敌人。拖延的人总是在为自己找借口，不太会、不着急、太忙了等，他们总有说不完的理由，总有找不完的借口。而拖延的真正原因呢？归根到底就是懒惰和无能！有能力又愿意为工作而努力的人是不会找借口的，更不会拖延。只要指令到达，他们就会马上行动，而且会想尽办法将工作做得完美。拖延是一种坏习惯，很多时候它能掩饰人的懒惰与敷衍。举个简单的例子，有一份文件需要在

第七章 乐于奉献，用使命感激发工作主动性

周末之前交到上司手中，而且这份文件很重要，老板一再强调务必认真完成，但是这个文件很复杂，工序多，数字多，一个数字的错误有可能会导致整个文件无效，是让人一看就头疼的任务。对于这种文件，最好的办法就是从接到任务开始就认认真真地做起，力求精准。然而习惯拖延的人不会这么做，他们会用各种办法来拖延，比如做一些看起来很认真却又无实际意义的工作。他们的目的就是让他人看起来自己在尽力工作，没有偷懒。到了周四的时候，他们心里开始不安，老板明明说过这份文件很重要，于是只好通宵加班，等到周五早上熬得筋疲力尽，全公司的人就都知道他很勤奋，老板也就不能再责怪这么"努力"的员工。于是拖延者就在内心小小地满足了一下：工作完成了，在领导面前还做出了一副勤勤恳恳的样子，最重要的是，自己好像"更有效地"利用了时间。当一个人的拖延行为出现时，他就会懈怠自己，那些今天可以完成但明天完成也无碍的事情他们绝对不会选择在今天做，他们会在心里暗示自己这是合理利用时间，张弛有度。然而拖延并不能帮助人节省时间或精力，它只会不断消磨人的意志，让人更加拖延，对工作不负责任。

拖延影响了许多人前进的脚步，也让一些人痛恨自己却无力改变。我们该如何远离拖延，及时完成工作呢？这需要为自己制订合适的方案。

（1）做到今天的事今天完成。

职场压力越来越大，一些人因为看不到成绩而分外忧虑，于是在工作上开始拖拉，马虎了事。他们的理由是放下工作，为自己缓解压力。事实上工作越拖拉，堆积的事情越多，压力也就越大。要想真正缓解压力，就必须做到今天的事情一定在今天完成，决不拖到明天。每天的工作任务不超过自己的能力范围，压力自然就会小很多。而且完成一份看起来很有难度的工作，会让你增添不少信心，这样以后的工作中就会更加努力。

（2）分清工作主次。

我们的工作并不会总是如你期望的一样，做完一件再来一件，而是许多事情串连在一起的，这就要求我们分清主次，把重要的，亟需的先整理出来，花精力做好，那些可以延后的，次要的，等把主要工作做好再做。有些事情看起来繁杂，其实只要做到事事条理清楚，就会十分简单，越盲目就越复杂。尤其是那些突发事件，更是要冷静分析。

（3）学会自我控制。

没有目标做起事来就会杂乱无章。当工作铺天盖地而来时，我们往往会认为承受不了，于是开始退却，开始拖延。但我们心里从来都明白拖延是不会出结果的，于是焦虑，如此反复形成恶性循环，最终失去信心，养成拖延的习惯。所以目标很重要，针对某一个工作目标制订完整的计划、明确的目标，一旦目标实现就会给自己莫大的鼓励，而整个过程再辛苦也会很享受。有了成就感，工作热情便会激发出来，工作就会更加主动，任务自然会按时并超额完成。习惯拖延的人往往在评价别人时说的头头是道。如果别人某一项工作做得不好，就会对自己说"如果是我，肯定做得比他好，一定不会失败"。但这也仅仅只限于口头，真正落到实处，他们是不会去做或者做不好的。从心理学角度上讲，拖延的很大一个来源是"恐惧"。人们因为恐惧失败，害怕自己不能成功，所以会无意识地把失败拖到"明天"。或许明天、下星期或是下个月，事情就会有转机，或许那时候一切都会不同，自己就会如有神助般地把所有的事情都做好。当然，他们也很想发挥自己的才能，但他们却害怕自己在真正操作时根本做不到。主动积极的员工做法完全不一样，他们从来不拖延一分钟，他们会抓住最好的时机，做出最好的选择，在最短的时间里把一切工作做到位，从而使任务完成得圆满，周到而从容，也让自己抓住了成功的机会。

优秀的员工是会利用时间、决不拖延的能手，分分秒秒也不耽误。

第七章 乐于奉献，用使命感激发工作主动性

用分计算时间的人比用小时计算时间的人，往往工作更轻松，因为每一分钟他都在做有意义的事情。有一道算术题很令人关注：0.99 的 365 次方等于 0.0255，而 1.01 的 365 次方等于 37.78。原本两个数字之间的差别并不大，但用于职场上，我们可以看出多做一点和少做一点的差别。很多人习惯拖延，尽管手上的工作堆积如山，尽管上司催得很急，但他却始终是先忙完一些无关紧要的事情再来做正事。比如上班先打开电脑，看看新闻，关注八卦，再刷微博，看看朋友圈，点几个赞，回几个表情，于是一上午就所剩无几了。看起来很努力的人其实什么也没做，这就是典型的拖延。

小梅和小安两人一起应聘到销售部，试用期一个月。两人学历、背景都差不多，被安排在同一个办公室。小梅是个急性子，做事雷厉风行，毫不含糊，而小安则是个凡事慢三拍的人，用她的话说，那是处惊不变，沉着冷静。每次任务下来，小梅总是在第一时间开始着手工作，而小安呢，习惯性地放上一段时间，等到别人都完成得差不多的时候，再来努力。每次她们俩完成的时间都差不多，小梅尽管先着手工作，但小安总是能在最后赶上来。于是小安总是笑话小梅没有工作效率，自己玩的时间比她多多了，但工作照样不耽误。小梅倒也不在意，每次一笑了之。这天上午老板又布置了一项企划任务，并要求尽早完成。小梅照例接到任务就着手处理，小安同样先将它搁置一边，做别的事情去了。没想到，下午下班前，老板忽然说马上有个相关的合作者要来，让他们赶紧拿企划任务到办公室开会。小梅因为事先有准备，不慌不忙，而小安却傻眼了……

"明日复明日，明日何其多，我生待明日，万事成蹉跎""什么东

立足岗位 干好本职工作

西你天天念叨,却从来没见过?明天",这些名言佳语告诉我们的都是只有今天才是我们最该珍惜的,至于明天,没有人见过,千万不要去等待。指望明天能按时完成工作的人永远不可能完成工作。及时完成工作,老板会赏识你,同事会信任你,而自己也会因为不断被他人认可而对工作更加有信心。及时完成工作其实不是老板的要求,而是一名职工应该具备的基本素质。每一名希望自己能进步的员工都应该拒绝拖延,认真及时地完成上司交待的任务,也只有及时完成工作任务的人才是合格的员工。

【第八章】

以使命驱动创新，把岗位当作创新的舞台

创新是社会发展的前提，是企业进步的阶梯。一个优秀的员工、一个有使命感的员工，绝不会是因循守旧、裹足不前的思想僵化者。一个有使命感的员工，一定是一个大胆创新、开拓进取的先锋。在使命的驱动下，每一个岗位都会成为他们创新的舞台，成为他们创造工作业绩的天地。

立足岗位
干好本职工作

1. 培养创新精神，把创新作为自己的使命

"创新是一个民族进步的灵魂，是一个国家兴旺发达的不竭动力。"创新精神是一种勇于抛弃旧思想旧事物、创立新思想新事物的精神。创新精神提倡独立思考、不人云亦云，但不是枉顾别人的意见、孤芳自赏、固执己见、狂妄自大，而是与他人团结合作、相互交流；创新精神提倡胆大、不怕犯错误，但不是鼓励犯错误，出现错误认知是科学探究过程中不可避免的，应客观对待；创新精神提倡不迷信书本、权威，但不反对学习前人经验，因为任何创新都是在前人成就的基础上进行的。

创新勇气和胆识不是固有的，而是在实践中培养锻炼出来的。任何一名员工，任何一个岗位都可以创新，都有创新的机会。只要我们以把创新当成自己的使命，把工作做到最佳作为自己的目标，我们就能不断创新，就能为企业奉献更多的力量。想培养创新精神，把创新作为自己的使命，我们就要做到以下几点：

（1）培养求知欲与好奇欲。

要具备勤奋求知精神，不断地学习新知识，才能在自主创新中发挥生力军作用。求知欲与创新精神与所在岗位关系并不大。那些总认为自己处在最平凡的岗位，与创新不沾边的人其实是骨子里没有把自己当成企业的主人，没有时刻把心思放在自己的岗位上。每个岗位都不是完美的，都需要改进与创新，每个岗位都或多或少存在不足，这就需要我们

 第八章 以使命驱动创新，把岗位当作创新的舞台

立足本职，不断学习，把自己的本职工作与社会进步发展联系在一起，学习更多的知识，为创新作好充分的准备。学而创，创而学这是创新的根本途径。在学习中创新，在创新的过程中不断学习，要求自己对新东西有求知欲、感兴趣，并为之主动学习。对新事物产生好奇，我们才有兴趣去探索、去研究。只要敢于在新奇现象面前提出问题，哪怕你所提问题有可能不被他人理解，但执着总是会让你有所收获的。

（2）培养创造欲。

对于一些现有的工作方法与经验，尝试着去思考如何在原有的基础上创新发明，推陈出新。工作中不妨从多个角度去思考理解问题。当然这需要我们首先保持对工作的热情，对工作本身就没有热情的人是不会有创造欲望的，他们视工作为负担，视思考为多余，是不可能做出成绩的。当我们对工作保持高度的热情时，就自然会对它的过程产生一定的疑虑，进而产生想去改进它、创新它的欲望。创新是一个严肃的话题，不是口头喊出来的，也不是靠等出来的，它需要我们不断地学习、摸索，在失败中不断坚持。自古以来，没有哪项创新是一蹴而就的。

创新意识能促成人才素质结构的变化，提升人的本质力量。创新实质上确定了一种新的人才标准，它代表着人才素质变化的性质和方向，它输出着一种重要的信息：社会需要充满生机和活力的人、需要有开拓精神、有新思想道德素质和现代科学文化素质的人。所以有创造欲的人总是站在行业的前列，具有创新成绩的人总是为企业所重用。职场有句话叫"员工动脑筋，企业出黄金"，意思是只要员工肯动脑筋，不断地创新，企业就能立于不败之地。当今社会是一个竞争的社会，谁的思想更先进，谁的服务更有利于消费者，谁就是赢家。任何一家企业都不可能靠固守陈规来赢得胜利，任何一个工作方式都有创新的可能。创新是唯一能支撑企业前进的方法。

立足岗位
干好本职工作

在美国乔治布什洲际机场，乘客下了飞机后，走到行李处只需1分钟，而等待行李却需要7分钟。因此，乘客由于等待时间过长，常常向机场投诉。面对顾客投诉，机场陷入两难境地，究竟该怎么办？增加工作人员，虽然可以减少行李搬运时间，但这显然会加重公司负担。美国管理学家斯蒂芬·罗宾斯经过实地考察后，向机场提出了一个建议：加长出口与行李处的距离，再将顾客的行李按新的特定路线送到行李处。机场按照建议进行改建后，客人下飞机需要走6分钟才能到达行李处，再需要花费2分钟取行李。同样的8分钟，前者为乘客考虑却遭到投诉，后者花费乘客时间却解决了顾客投诉问题。可见，创新对公司生存起着把控命脉的作用与意义！

创新是引领发展的第一动力，只有创新，企业才有更强的竞争力，只有创新，员工才有更加坚实的立足资本。把创新当成是工作使命，我们就能在工作中寻找各种创新的机会，把工作做到完美。把创新当成使命，在本职工作中不断提升，我们就能成为企业的中流砥柱，成为不可替代的人，以此为基础，我们的梦想迟早会得以实现。

2. 立足本职岗位，不忘初心大胆创新

创新是中华民族生生不息的秉性、发展进步的动力。创新，需要干

 以使命驱动创新，把岗位当作创新的舞台

一行爱一行，干一行专一行的敬业精神；创新，是需要把岗位当做平台、勇于探索进取的气魄。只要我们始终坚持爱岗敬业、不断学习、追求卓越，就一定能实现岗位创新。只要努力，我们每一个人都大有可为。创新不是神秘的高大上，也不是只有拥有无比智慧与学历的人才能做的事情，在职场，任何岗位、任何年龄、任何工种都可以创新，都有创新的舞台。

"一个人无论做什么事情，要做就要做到最好"，李艳玲是这么说的，也是这么做的。她用自身的行动以及不断提高的工作业绩，诠释了作为一名新时代劳模的责任和义务。作为一名共产党员，李艳玲一贯重视自身学习，努力培养高效、务实的工作作风。她利用休息时间自学现代物流知识，取得了《高级物流师》职业资格，成为物流中心唯一的现代物流高级职称持有者；她熟悉掌握新版GSP（《药品经营质量管理规范》）认证条款、新修订的《医疗器械监督管理条例》等行业规范，为完成各项工作打下坚实的理论基础。由于药品经营知识功底扎实，又熟悉国家新版GSP法律法规，2013年在参与起草《陕西省药品批发企业GSP认证现场检查评定标准》工作中，受到专家组的一致好评。

2010年由于工作所需，李艳玲加入西安市医药行业龙头企业——陕西华远医药集团有限公司，并被集团公司派往物流配送中心，负责该企业质量管理工作。工作伊始，物流中心尚未正式运营，库房布局、系统流程设计、药品出入库全程管理，都需要在正式运营前准备就绪，工作人员培训到位。而物流中心库房面积之大、设施设备之先进、信息化水平之高，使做了20年质量管理工作的她既兴奋又倍感压力。有压力就有

动力，没有经可取、没有经验可学，她于是放弃休息时间，努力钻研医药物流企业药品经营和仓储管理软件，了解国家对现代化物流库房设施设备及布局的要求，一边学习一边实践。很快，库房布局草图、药品出入库流程方案、质量管理体系文件一一出台并实施。由于前期准备工作到位，物流中心顺利通过试运行期，使集团在发展大物流、实现三方物流的道路上迈出了坚实的一步。

2010年国家实施药品电子监管工作。"作为陕西省唯一的一家大型医药物流企业，各项质量管理工作必须在全省医药行业起到表率作用。"这是李艳玲工作的信念。她全身心地投入到这项全新工作，设定流程、起草电子监管制度、指定专人负责电子监管信息的维护及更新。在配置电子监管设备时她多次与软件公司沟通，宣传国家三方物流及电子监管政策，使其看到市场前景。在她的不懈努力下，软件公司终被说服，在短时间内开发出所需软件，原有的扫描设备通过软件配置升级后重新使用，完成了药品电子监管数据和仓储管理数据采集的一体方案，为企业节省资金5万多元。

2014年，李艳玲被任命为集团信息化部主任。接手之初，正值新版GSP认证的关键时刻，计算机系统是新版GSP新增的亮点之一，贯穿于认证全过程。此时接手信息化部，她肩负着集团及9家子公司通过新版GSP认证的重大责任。由于不能影响公司正常经营，计算机系统升级的测试调试工作都在晚上和休息日进行，李艳玲和她的团队每晚加班至9点以后，放弃了节假日休息时间，连续奋战50多天，终于完成了质量管理模块升级任务。由于工作扎实、条款理解透彻，集团公司计算机系统完全符合国家标准的要求，确保了集团10家公司顺

 以使命驱动创新，把岗位当作创新的舞台

利通过 GSP 认证的现场检查。

新版 GSP 认证是集团公司工作的重中之重，物流中心认证是否通过，直接决定了集团公司发展大物流、开展第三方医药物流业务的决策能否贯彻、"三统一"二次遴选招标工作能否顺利进行。李艳玲充分利用自己多年从事质量管理工作所积累的经验及管理所长，带领信息化部团队反复调研讨论，为集团公司计算机系统质量管理模块新增 8 个功能，修订计算机系统管理制度、操作规程 25 项。重新构建质量组织机构，起草完成质量管理体系文件 105 项，提出冷链药品储存、库房改建方案共五份，根据省局要求提出本企业运输设施设备计划，涵盖了药品经营和质量管理全过程，为集团公司经营工作的正常进行及新版 GSP 认证提供了技术服务支持。经过近一年时间的努力工作，2014 年 3 月华远集团物流中心成为陕西省首家通过新版 GSP 认证的企业。此后，陆续协助仓储委托物流储存的 9 家公司顺利通过认证现场检查。

每个人都有缺陷，任何人都不是完人。工作遇到不懂和难题是再正常不过的事情，不同的是我们对于工作的态度。有的人一旦遇到难题就开始想尽办法逃避，有的人则是遇难而上、全力以赴，只为大胆创新，能为企业分忧，为岗位奉献力量。兴趣是创新思维的营养，只有对工作保持热情，对本职工作有足够的兴趣，才会有创新的意识和愿望。这同样与我们工作的初心分不开。不管到哪个岗位，无论职位高低，如果每个人都来动脑筋，都积极参与创新，这对于企业来说都是一笔财富，对于个人来说，是为自己注入新鲜血液的最好方法。每个人都希望能突现自身的价值，而这些价值的来源就是工作。现代社会，工作做得好与不好的评判标准是竞争力，也就是谁更具有不可替代的竞争力，谁的价值

就更大。"何处寻活路？唯有创新。"这是职场人的慨叹，也是残酷的现实。守着岗位看似兢兢业业，却始终默默无闻，既不出错也无功劳的员工不再是企业欢迎的对象。只有在本职岗位上不断寻求新方法，新路子，大胆创新的人才会成为行业的翘楚，才会成为企业不可缺少的人才。

一个岗位便是一个机会，平凡的岗位也可以有大作为。每个岗位都能成为我们创新的舞台。勇于尝试，大胆创新有可能会让我们走些弯路，甚至会让我们倍受打击，但只要我们不忘初心，把创新当成是工作使命，无怨无悔，就终会赢来最后的胜利。

3. 破除思维定式，摆脱思维枷锁

人们成功大多有两种方法，一是与对手做相同的事，付出百倍的努力，在细微处比对手做得更好，吸引被服务的对象优先选择自己。另一种是不与别人正面竞争，打破常规，做一些独占性强，别人无法竞争的服务。后者便是摆脱固定思维，不断创新。中国文化源远流长，人们的思维观念也随着千百年的习俗而成为定式。这些定式思维从某些方面来说严重阻滞了社会发展与进步。在企业里同样如此。一些因循守旧的人总是害怕打破常规，害怕一旦改变方式就会失败，最终使得企业越来越失去竞争力，难以立足。

思维没有固定的公式，到目前为止也没有任何科学证明思维是不可

 **以使命驱动创新，把岗位当作创新的舞台**

逆的，任何思维都可以改变，哪怕是千年习惯，哪怕是万人认可的，只要是有利于社会发展，只要是能够破除旧俗后更加有利于人们的生活，我们就可以尝试着去改变。改变思维需要我们在日常生活工作过程中通过学习，凡事从多个角度考虑问题来训练自己的思维模式，让它成为习惯。破除思维定式，摆脱思维枷锁不是否定前人，而是寻找更适合现代的方法，是现代社会发展的需要，也是企业求胜的良方。

　　一些企业总是墨守成规，认为以不变应万变才是最好的发展观。但对于市场经济的新时代来说，墨守成规已经成了阻碍企业、团队发展的旧观念。那些已知的、曾经带来过成功的经验与方法，往往成为人们前进的绊脚石。世上万物都在变化，成功的经验能作用多久得看时代发展的速度。作为新时代企业的主人，我们不光要继承先辈们的经验与传统技术，还要科学合理地运用、创造性地改革，使我们在原来固有成果的基础上找到更加实际的、更加适合时代需要的新路子。思维定式只能固步自封，止步不前，创新才能更具有持久性。创新就是要不断去发现问题、解决问题。发现问题、解决问题，说起来容易做起来难，这需要很强的钻劲和韧劲，需要我们有敢于承担责任的勇气和信心。

　　"以不变应万变"的做法只会让企业一步步走向衰败。以变制变才是出路。以变应变，在变中求发展，在变中适应社会，在变中逐渐强大。俗话说"穷则变，变则通，通则久。"企业的发展同样如此。如果不能及时适应发展变化，与时俱进进行改革创新，就很难逃开"盛极而衰"的结局。只有以变应变，方能有所作为。以变应变就要放弃那些经验主义，放弃老教条、老方法，不断地给企业注入新鲜血液，将压力转化为动力，不论是在知识技能上还是观念意识上，都从"新"开始。敢于"尝新"，才能取得应变成功。

　　德国汉堡包刚问世时，问津者寥寥，只有一些上下学的学

生顺道来光顾。它是怎么成为闻名遐迩的"热狗"、畅销全球的呢？原来有一天，几个爱吃汉堡包的孩子，照例向父母要了零用钱来买汉堡包。老板生意冷清，就在商店门前和孩子一块玩。玩着玩着，有个孩子突然比划着手中的汉堡包对老板说："你的汉堡包怎么像条长长的狗哇，你看，通体焦黄，还有尾巴（指那露在外边的木柄），还有体温，哈，咱们就叫它热狗吧！"孩子们天真的比喻，使老板灵机一动，他想出了一个推销汉堡包的妙计。德国人爱动物，尤其是爱养狗。老板抓住国人的这个心理，发展了爱吃汉堡包的孩子们的思路，编了一首"热狗！热狗！"的儿歌，教给那几个常来玩的小学生，让他们在上学放学的路上唱，报酬是每天免费赠送两只汉堡包。果然，汉堡包这个"热狗"的名字，随着越来越多孩子唱这首儿歌的歌声，传遍全德国，飘扬过海传遍全世界。

竞争使得各行各业都在力求创新。越是守旧越是离市场要求越远，越是不敢尝试越是走入死胡同。没有创新的企业就像一潭没有希望的死水，既不能满足市场需要，也不能服务消费者，其结果可想而知。一些在工作中有创新成果的员工并不是一开始就着手于创新的，而是在工作中发现问题，在解决问题的过程中突发灵感，产生新的想法，结合新的观念与市场需求做出的新成果。他们善于及时捕捉这种创造想象与创造性思维的产物，把它迅速而准确地记录下来并进行思维加工与实践检验，于是就有了创新。但是企业中持观望态度的员工总是不在少数。有些员工明明有了新的想法，但由于不敢承担责任，怕出事，怕影响自己在领导心中的形象而放弃了那些好的想法。"不求有功，但求无过"，做一个"安分"的老实人，即使没有创新但至少是循规蹈矩的。这种想法往往让他们的工作激情被扼杀，刚刚唤起的新思维被自己的定式思

 **第八章** 以使命驱动创新，把岗位当作创新的舞台

维逼走。在今天追求新事物的大环境下，这种做法是消极怠工、不思进取的表现。长久下去，不仅没有了斗志，对本职工作也会自行降低标准，离团队的要求越来越远。

"我们一直是这么做的""大家都是这么做的，到我这儿怎么能改？"这是被思维的枷锁束缚，他们说得理直气壮，做得理所当然。但正是这种行为，让我们的企业、我们的团队少了活力，缺失了竞争力。对于企业来讲，思维枷锁是凶手，它让企业失去竞争力，让员工失去创造力。一个爱岗敬业，爱企如家的人是不会甘于被思维枷锁束缚的，他们关注社会的发展，关心企业未来的路子，所以他们乐意创新，即使创新的路上布满荆棘也义无反顾，知难而上。创新改革并不是否定过去的成绩，而是在过去的成绩中找到最新的工作方法，让成绩更加突出，让力量更加增长。"发展才是硬道理"，企业靠什么发展？靠什么与他人竞争？老路谁都会走，只不过走着走着就掉了队，跟不上步伐。唯有创新发展，才能历久弥强。

"变"才有机会，"新"才能吸引他人的眼球。变老路为新路，变旧识为新观，新旧结合，开创不一样的天地，这才是新的发展观。创新意味着改变，意味着风险，意味着更多的付出，有时候甚至会面对嘲笑。但只要追求上进，只要有梦想，不忘初心，就需要有创新的精神，并在自己的岗位上付出比别人更多的代价。也许周围的人对你别出心裁的想法并不欣赏，甚至对你的做法表示轻蔑，没关系，至少比被束缚思维要强，哪怕创新失败，也至少努力过，奋斗过，比那些连试一试都缺乏胆量的人活得更充实。人类社会的发展史，实际上是一部创新史。创新就如成功路上的点金术，它能将一个看起来毫不起眼的主意变成通向成功的阶梯。创新是一个民族进步的灵魂，是一个国家兴旺发达的不竭动力。历史经验证明，大到一个国家、一个民族，小到一个企业、一个团队，只有勇于改革、勇于创新、不畏艰险、攻坚克难，才能兴旺发

立足岗位
干好本职工作

达、战无不胜，才能不断从胜利走向新的胜利。要想让自己与众不同，我们就要在继承发扬好的传统和经验基础上，勇于正视工作中存在的问题，勇于克服工作中遇到的困难，勇于改掉那些不合时宜、不适应新形势的老做法、老套路，积极探索新的工作思路、创新工作方式、创造新的工作经验和工作特色，不断开创本职工作的新局面。

一个人在火车站附近手机被偷了，马上请朋友给自己手机发了一条信息："哥，火车快开了，我等不到你，先上车了！欠你的两万块钱，我放在火车站寄存处的你取过东西的柜子里，你自己去取。"半小时后，小偷在火车站寄存处柜子前被生擒。

这也许只不过是那些编段子的人编的搞笑段子。但是从这个小故事中我们可以看到用新思维新方法解决问题更有效。假如被盗窃者按常规做法，先报警，再寻求帮助，调监控，找证人……一系列事情过后，结果可能是毫无头绪。但他的新思路新方法能在半个小时后就让小偷自投罗网。可见新思维比陈旧的方法更好使。时代瞬息万变，要想取得进步，必须推陈出新。推陈出新离不开创新思维，离不开创新的工作方法。很多人明明工作很努力，也能按时完成上级交待的工作任务，但就是得不到老板的赏识，心中很是不服。实际上，被旧的工作观念与习惯束缚了手脚的人是不会被老板重用的，老板看好的是有创新思维，敢于尝试新事物的新时代人才。

破除思维定式，要求我们要在自己的本职工作中有扎实的专业功底，关注前沿信息，在每一项工作中都比别人多思考些内容，不要放过一点点的灵感，也不要害怕推陈出新给自己带来的麻烦与不良后果。要敢于承担责任，把我们脑中某一个时刻闪现的灵光用心记录下来，在工作中找到更多的值得研究的亮点，利用自己已有的知识不断学习，将亮

以使命驱动创新，把岗位当作创新的舞台

点变为创新成果，为自己的岗位添彩——哪怕你的岗位平凡而渺小，依然可以做出不一样的成绩。创新是实验，为了创造价值做出一切努力，即便试上千遍，只要有成功的可能，也是有价值的。那些创新意识不强的人正是因为传统意识根深蒂固，摆脱不了思维枷锁，而他们的结局往往是在竞争中被淘汰。只有主动担当、积极作为，大胆创新、敢于尝试的员工才能在激烈的竞争中处于不败之地。

创新不是一试就能成功的，所以要在不断尝试、不断失败中总结经验与教训，要容忍失败才有信心继续走创新之路。我们还要将学习常态化，不断汲取好经验、好做法，武装头脑充实自己，让自己始终站在创新的前沿。只有这样，我们才能找准目标、明确方向，才能事半功倍，才能真正成为一名敢于冒险敢于尝试的创新人。创新不是瞎干，不是蛮干，有创新就有失败，有创新就有风险，我们要从心理承认并接受失败的事实，才能鼓起勇气，敢为人先。

她是个"80后"，仅用了短短的4年时间，就从一个默默无闻的大学生，一跃成为人人羡慕的百万富翁。她，就是李剑。

1985年，李剑生于宁夏海原县兴仁镇。母亲伏兆娥是一个剪纸高手，享有"西北第一剪"的美誉。受母亲的影响，李剑从小就酷爱剪纸艺术，并梦想有朝一日，将母亲的剪纸艺术变成商品，推向全世界。

为了这个目标，李剑一直在默默地努力着。2009年，李剑大学毕业了，可她并没有像其他人一样去找工作，而是向母亲借来3万块钱，成立了宁夏艺盟礼益文化艺术品有限公司。公司成立之初，李剑开发的第一款产品，就是剪纸贺卡。为了推广产品，李剑天天带着产品跑单位、进会场。可是，一段时

立足岗位
干好本职工作

间下来，她贺卡没卖出多少，白眼和奚落倒"收获"了很多。更让她焦虑的是，她之前向母亲借来的那点钱，也快花光了。幸好爱人郭海及时从福建给她带回了4万块钱，才算解了她的燃眉之急。

为尽快打开局面，李剑推广贺卡更加勤奋了。终于，李剑的努力有了回报。第一笔订单，是300多张贺卡，要求一星期内交货。可是当时李剑的公司，因之前没有生意，一直都没有请工人。情急之下，李剑就拉来妈妈、妹妹和小姨一起上阵。可一家人用小剪刀没日没夜地忙活了4天，也只是完成了贺卡的剪纸部分。剩下的印刷部分，本想请印刷厂做，但由于印数太少，印刷厂都不愿意接活。无奈之下，李剑只好窝在办公室里，用打印机来打印。数九寒天，夫妻俩一个负责打印，一个负责将贺卡晾在地上。可偏偏在这个节骨眼上，打印机又出了故障。等最后完成贺卡时，两人已是24小时都没合过眼了。

这笔订单做完后，虽然后面也陆续接到了一些订单，但由于传统的剪纸作品大多用白纸装裱，不仅显得档次低，且时间一久，还会褪色，市场空间不大。故在第一年，李剑他们制作的剪纸贺卡，仅卖出了3000多张，收入还不到1万元。照这样下去，不但公司的租金付不起，就连生活费都成了问题。李剑再次陷入了困境。

"这个传统的剪纸市场，任凭自己再怎么努力，目前也就只能做到这么大了。要想突破，就必须进行创新！"想到这里，李剑决定到外面的市场转一转，寻找剪纸市场的突破口。在一次去杭州考察的途中，质地轻软、色彩绮丽的杭州丝绸一下子就吸引了李剑的目光。"丝绸档次高，耐保存，我何不尝试做丝绸剪纸画呢？"

第八章 以使命驱动创新，把岗位当作创新的舞台

打定主意后，李剑咬咬牙，一口气批发了4000多元的丝绸，在家里进行试验。由于没有经验，她失败了，4000多元钱就这样打了水漂，自己也一下子消瘦了许多。看到妻子累成这样，丈夫郭海很是心疼，就劝她说："咱们还是放弃吧！毕竟，这个事情从老祖宗到现在，都没有人去做过。"面对丈夫的规劝，李剑不但没有放弃，还说服丈夫，同意了自己再次追加几万元投资的建议。经过无数次的试验，李剑终于成功地将剪纸艺术与丝绸和谐地融合在了一起。

由于融合后的丝绸剪纸画不仅档次高、耐保存，而且还具有国画的韵味和浓郁的回乡民俗味。因此，李剑的这种新产品一经推出，便大受欢迎。到2011年，公司的总销售额已达到370万元，2012年则突破了500万元。

如今，李剑的公司拥有联盟艺术家3名，专业技术人员50多名，签约妇女手工制作者200多人。其创立的"伏兆娥剪纸"和"回乡剪纸"两个剪纸品牌，更是名扬海内外。

社会没有创新则无从进步，公司没有创新则无法发展，个人在工作中如果没有创新也很难得到成长。创新最首要的就是要破除思维定式，摆脱思维枷锁的束缚。效仿别人就只能跟着别人的脚印走，而那些脚印也不一定就能通往正确的方向。

立足岗位
干好本职工作

4. 学会独立思考，寻找岗位"创新点"

"现在的工人，不能傻做，要动脑筋创新。"武汉钢铁股份有限公司炼铁厂生产技术部高炉炉前总技师刘自力面对记者，说得最多的就是这句话。

控制高炉堵口机炮泥的高温烧结和耐压强度十分困难，要兼顾开铁口的劳动强度和铁口扩孔的稳定性。这被所有高炉技师认为是最难的课题。经过苦学研究，刘自力别出心裁地为新老大小不一的高炉调制了不同的炮泥成分，使高炉炮泥使用量大幅度降低，每年可为企业降低生铁成本200万元。

刘自力研制了"球形炮保护盖"，把每年更换高炉炮头上炮盖的数量由6000~7000个减少为200个。2014年初，他优化炉前操作，控制铁流速度，将出铁有效时间由60分钟延长至90分。

"什么是创新？在我看来，就是要解决生产中的问题，降低劳动强度，创造效益。"刘自力说。最初，高炉使用的是焦粉做泥套，使用寿命只有3天。反复揣摩的刘自力灵光一闪，他研制成功了自流浇注型泥套，使用寿命延长至30天。高炉铁口散喷，是造成大量烟尘外泄的重要诱因，身为炉前总技师

第八章 以使命驱动创新,把岗位当作创新的舞台

的刘自力,压力"山"大。他和高炉技师天天围着铁口转,一起找原因,定措施,利用高炉休风的机会多次组织灌浆工作,通过改善炮泥配方和改善泥套制作,终于攻下了这个难关。2012年,武钢受国家标准局的委托制订高炉废弃耐火材料循环利用的行业标准。刘自力代表炼铁厂会同武钢研究院、耐火厂,研究制订了《大型高炉出铁沟综合浇注机耐火材料循环利用技术》。目前,已成为全国钢铁行业的使用标准并形成技术成果。如今的刘自力,更注重引领团队创新。以他名字命名的创新工作室,通过开展攻关活动,在职工队伍中营造了良好的创新氛围,使职工队伍的素质得到提高。

爱岗敬业的人总是希望能把工作做到极致。他们不光是要把工作做到满意,还会为改进工作方法、提升工作质量、提高工作效率寻求更多的创新点。一个具有创新精神的人是不会坐在自己的岗位上任由那些难点和疑惑存在的,因为他们知道,只有不断地创新才能让自己进步,才能让自己的企业稳固发展。要创新当然先要从做好本职工作开始。无论自己处在什么岗位,尽心尽力,毫不推责,不断推陈出新的人才是公司最需要的人才。做不好本职工作的人,一定不会有创新能力。创新不是光靠想象,创新也不是空凭无据。大多数在岗位上有创新成绩的人,都对工作极其负责,力求好上加好,发现问题积极面对,希望通过自己的努力得到解决问题的灵感,有了灵感再付诸于行动,敢于向那些旧的观念与习惯发起挑战,站在不同的角度重新思考,不唯上、不唯前,独立思考,最终取得胜利。不敬业的人从来都不会发现工作中存在的问题,就算是偶尔有了发现,他们也不愿去改进,更不会去挑战它。

王军,宝钢股份宝钢分公司热轧厂首席机械设备点检员,曾获国家科技进步二等奖和全国十大杰出青年岗位能手、上海

立足岗位
干好本职工作

市十大工人发明家、全国技术能手、上海市劳动模范等荣誉称号。2008年4月28日，王军荣获全国五一劳动奖章。在颁奖会上，他激动地说："小岗位也有大舞台，创新是没有范围界限和身份限制的。"

1987年，王军从宝钢技校钳工班毕业，被分配到热轧厂2050热轧精整线剪刃装配班工作。这是一个辅助岗位，有人说，这个活劳动强度大、技术含量低，做不出什么成绩。王军不这么想，虽然不能成为八级钳工，但也要做一名优秀的剪刃组装工。

当时，2050热轧精整线正处于开工调试阶段，王军每天早早赶到现场，有活干活，没活的时候，就跟在外方专家后面问这问那。同样装配剪刃，别人是专家怎么说就怎么干，可王军总要多问一声"为什么"。一次，作业线按计划更换剪刃后，发现钢板剪切质量不如人意，几次调整效果仍不理想。王军主动向作业长"请缨"，他并没有立即到机架上调整剪刃间隙，而是先通过对讲机，了解当班生产的产品规格，然后轻松地在机架上调整了几个螺丝，就自信地对作业长说，好了。作业长开机一试，钢板剪切质量果然达到了要求。作业长很惊喜，"你小子是怎么做到的？"王军道出"天机"：平时跟外方专家交流时，知道不同规格的钢板对剪刃间隙的要求不同，他留心作了记录，像当天生产的薄规格产品，剪刃间隙应该比较小，只要将固定螺丝稍作调整就可以了。多问多思考，王军的第一个创新成果《飞剪剪刃快速更换法》诞生了。新操作法既降低了剪刃更换的劳动强度，又缩短了停机时间，以前更换一个剪刃，两个人干要用一个半小时，现在，一个人用半个小时就行了。

 以使命驱动创新，把岗位当作创新的舞台

2001年，王军转岗到精整机械设备作业区做设备点检员，在这个岗位上，他实现了更多创新。获得国家科技进步二等奖的《高强度全密封精整矫直机支承辊技术》缘起于2050热轧薄板线的一个国产化科研攻关项目，当时，由于剪切线矫直机支承辊的密封性不够好，每次更换支承辊或添加油脂后，都会形成油污板，导致产品降级处理，造成较大的经济损失。王军接手这项技术在中板及厚板线推广应用的科研攻关任务。一次次实验，一次次失败。有一次，王军在实验室里工作到凌晨3时，倒在热水汀边睡着了。醒来时，发现脚上工作靴的橡胶底被热水汀烤焦了。他盯着靴底凹陷部分看了半天，灵感涌现：油脂受压外溢，和靴子受热烤焦，看似风马牛不相及，但科学道理是一样的，那就是要找到防油压的密封圈。经过上百次的实验，近3年的努力，难关终于攻克。这项技术创新，产生了12项专利，形成6项技术秘密，近几年在宝钢产生直接经济效益1.6亿元。

创新不分岗位，不分职位，不分年龄，更不分人。不管是谁，只要愿意，都能在自己的岗位上找到创新点，都能为自己的岗位做出贡献。寻找岗位创新点要先学会独立思考。一个人的思维总是会受到外界影响的，如果我们总是只听从他人意见或者只看到前人的工作方法与经验，我们是无法创新的。当工作出现问题时，我们要怀着对工作的无限热情，以创新为己任，冷静分析，在实践中找出最佳的改良途径。当然这可能是漫长而艰辛的，其中存在着无数的失败，甚至到最后可能会以无效而结束。但只要我们相信自己，求真务实，总会找到令人满意的答案。突破性的创意并不一定只是因为运气或偶然，创新也并不是一种天赋，而是一种可以学习的技巧。如果方向不对，再努力也只会越走越

远。一开始解决问题,是要找准思考的位置和方向,不受常规束缚,不被外界影响。把有效借鉴与独立思考相结合,针对岗位现有问题,逐步优化,达到创新目的。

5. 就地取材,利用岗位资源创新

创新是一个国家的灵魂,是一项长久的工作,它需要我们有扎实的工作作风、热情的工作干劲和不怕困难的敬业精神,在自己的岗位上把工作做专做精、做细做实,任何时候都坚守岗位,以创新工作为己任。我们的岗位或许太平凡,平凡得让很多人想不起,平凡得根本做不出什么惊天动地的壮举和轰轰烈烈的事迹,但只要岗位存在,它就有意义,就有价值,就需要我们在不断创新中来服务社会。一个高度敬业的人会结合自己的岗位实际,树立正确的事业观、价值观,规范自己的行为,勇于实现工作中的创新。一个为企业着想的员工除了会创新,还会利用岗位资源创新,以减少企业不必要的支出。

两个青年一同开山,一个把石块砸成石子运到路边,卖给建房的人;一个则直接把石块运到码头,卖给杭州的花鸟商人。因为这儿的石头是奇形怪状的,他认为卖重量不如卖造型。3年后,在码头卖石块的人成为村上第一个盖起瓦房的人。他在自己的学习笔记上面写下一句话:要寻找与他人不同

 第八章 以使命驱动创新，把岗位当作创新的舞台

的优势。后来，不许开山，只许种树，于是这儿成了果园，在码头卖石头的人也种起了果树。每到秋天，漫山遍野的鸭梨招来八方客商，他们把堆积如山的梨子成筐成筐地运往北京和上海，然后再发往韩国和日本。因为这儿的梨，汁浓肉脆，口味纯正无比。就在村上的人为鸭梨带来的小康日子欢呼雀跃时，曾卖过石头的那个人卖掉果树，开始种柳。因为他发现，来这儿的客商不愁挑不到好梨子，只愁买不到盛梨子的筐。5年后，他成为第一个在城里买房的人。他又在自己的学习笔记上面写下一句话：要先于他人挖掘市场需求。再后来，一条铁路从这儿贯穿南北，这儿的人上车后，可以北到北京，南抵九龙。小村对外开放，果农也由单一的卖果开始到谈论果品加工及市场开发。就在一些人开始集资办厂的时候，当初卖石头的人在他的地头砌了一垛3米高、百米长的墙。这垛墙面向铁路，背依翠柳，两旁是一望无际的万亩梨园。坐火车经过这儿的人，在欣赏盛开的梨花时，会突然看到四个大字：可口可乐。据说这是五百里山川中唯一的一个广告，那垛墙的主人凭这垛墙，第一个走出了小村，因为他每年有4万元的额外收入。他再次在学习笔记上面写下一句话：如果能够排除竞争，你必然能成为最大的赢家。

合理利用现有的资源进行各种创新以求得更大的竞争力，这正是我们企业需要的新思路与新方法。努力工作的员工固然是值得学习与敬佩的，但没有新思想与新方法的员工并不是最优秀的员工。在职场我们常常看到一些人拼命努力，不惜花大量的时间与精力来加班加点，但却得不到上司的重视，甚至连升职加薪也没有他们的份，为什么？就是因为他们在自己的岗位上并没有做出成绩。看起来的忙碌与敬业与实际业绩

立足岗位
干好本职工作

并不相等。人们固然欣赏那些愿意努力的人，但成绩才是硬道理。看起来很努力，工作却因循守旧，没有任何突破与创新，这样的努力族前途并不光明。当我们在自己的岗位上发现问题，愿意为解决这些问题而想办法、花心思时，才能成为最受企业欢迎的人。

时年37岁的王洪军在钣金整修这一岗位上已经整整工作了17年。钣金整修是对压模和装运过程中车身上出现的缺陷进行修复。"钣金整修工作是很苦很累的，噪音大，粉尘也大。到了夏天，一动就是一身汗。"王洪军的工友这样描述他们所从事的工作。由于车身上的每个缺陷形状都不一样，位置也不一样，因此，没有一个万能的工具能对付所有情况。以前使用的整修工具完全是从德国进口的，一套工具就得5万元左右，价格高不说，品种还不齐全，使得有些缺陷根本无法修复。为了让车身修复达到理想的效果，王洪军开始想办法自己制作工具。王洪军尝试制作的第一件工具是修理车身侧围和顶盖的钩子。他边查找资料边不断尝试调整。经过一个多月的努力，几十次试验，终于试制成功了一套钣金修理的钩子。这个钩子投入使用后，效果非常好，大家都说使起来顺手、有效。十几年来，王洪军共制作了40多种2000多件工具，满足了多种车型各类缺陷的修复要求，使整车质量、生产节拍都有了很大提高。王洪军在发明制作工具的同时，也着手探索快捷有效的钣金整修方法。经过反复实践，王洪军逐渐摸索出了手感检查车身的独特检查方法，并总结出了凹坑、死点坑、边缘坑、弧面坑等不同缺陷的整修方法。他把自己掌握的整修技能和研制的一些先进方法和技巧进行整理、归类，创造出了47项123种非常实用又简捷的轿车车身钣金整修方法。2003年4

第八章 以使命驱动创新，把岗位当作创新的舞台

月，王洪军的方法通过了一汽—大众中、德质保专家组织的评审和鉴定，被正式命名为"王洪军轿车快速表面修复法"。专家一致认为，王洪军的快速修复法对车身表面钣金修复和调整具有重大的实用价值，居国际先进水平。一汽大众公司曾算过一笔账，仅近5年来，王洪军的技术创新就为企业创造了3700万元的价值。2003年初，大众公司从德国进口了一批新车身，有1700多台"白车身"后轮罩靠近后门锁处存在表面缺陷。外国专家认为无法修复，建议聘请国际知名的荷兰专家，但修理费用需要400多万元。公司领导找到王洪军，希望他能攻克这道难关。王洪军一天一夜没合眼，翻阅了大量资料，一个方案一个方案地推敲。他组成了攻关小组，在报废车上反复试验，最后终于找到了解决方法。苦干了近一个月，1700多台"白车身"全部修复合格。

发现问题、解决问题，说起来容易做起来难，这需要很强的钻劲和韧劲。要想在平凡的岗位上实现人生价值和追求，必须要有所发现、有所创新、有所超越。在工作中遇到问题不回避，遇到困难迎着上，想方设法去解决。不因为岗位小而马虎应付，不因为岗位平凡而失去信心。在面对大家都不能解决的难题时从不畏惧、从不退缩。创新就是闯与试，创新就是把自己的工作推向一个更高的境地，创新也是给自己更多的机会，让梦想飞起来，让心愿得以实现。总认为创新是高端事业，是高职位高学问的人才做得来的想法是绝对错误的，只要我们在本职工作中不断去发现问题、解决问题，平凡小岗位也是创新的大舞台，只要有不退缩不放弃的钻劲和韧劲，用自己的智慧去探索求新，终究都会结出丰硕的果实。

6. 勇于尝试新事物，工作因创新而不同

俗话说世界上没有两种一模一样的事物。不管是人还是物。每个人都有与众不同的地方。工作也是一样，每个工种都起着它独特的作用，虽然与其他工种息息相关，但缺了它就一定不行。一些人总是习惯于旧思维模式，不敢尝试新事物。有的甚至认为千百年来大家都这么做事情，怎么可能到我这儿需要改变？社会在发展，人的思想观念如果跟不上发展的话，很快就会被淘汰。所谓发展，其实就是一个推陈出新的过程。曾经稳中求胜是企业不衰的法宝，以不变应万变的方法总是能让许多事情有了转机，让一些企业起死回生。然而随着社会的发展需要，稳中再也不能求胜了，唯有不断创新，尝试新事物才是王道。

在历史文化名城遵义，有这样一个团队，他们用20个人的力量，在干好本职工作的同时，承担了城区供电分局所有的科技创新任务；他们用12个月的时间，实现多供电量220万千瓦时，创造直接经济效益200余万元；他们用不足50平方米的工作室，培养出10余名出色的高技能人才。这个团队就是遵义供电局"申友强创新工作室"。

"申友强创新工作室"成立于2013年11月，带头人申友强1986年参加工作，28年来始终奋战在电力故障抢修一线，

第八章 以使命驱动创新,把岗位当作创新的舞台

先后获得了全国劳动模范、中国南方电网公司十大杰出青年等荣誉称号。在申友强的带领下,队伍不断发展壮大,现有创新团队成员20人,其中技师以上水平的就占了一大半。"工作室"主要围绕电力故障抢修工作中遇到的难点,通过科技创新,攻坚克难,解决问题。"工作室"创建1年多来,创新能力逐步加强,创新成果不断涌现。先后发明的6个技术创新项目相继投入使用,一批一线工人在其中得到锻炼,成就了属于他们自己的"大舞台"。

遵义地处黔北高原,山势陡峭,房屋大多依山而建,街巷错综复杂,许多故障地点,配网带电作业车辆根本就无法进入。怎样解决绝缘斗臂车受环境限制,无法到达作业现场的难题?"天凉了,出去的时候加件外衣"。最初的灵感就是来源于这一句关怀的话语。"如果登杆用的脚扣是绝缘材料制成的,如同绝缘平台那样,就完全可以满足开展带电作业的安全要求。"一句话让绝缘脚扣的技术改造找到了方向。通过实地勘察及论证,大家一致认为,只要是选择好绝缘性能好的防护用品作为加工材料,保证绝缘脚扣在作业中能起到良好的辅助绝缘作用,就完全可行。历经无数次的现场反复实验与实地模拟操作,"工作室"最终采用电缆热缩管(硅橡胶材料)制作绝缘脚扣,将电缆热缩套在普通脚扣的外层,从而达到良好的绝缘作用,并经过18千伏每分钟电气试验耐压值,达到了10千伏电压等级线路上使用的安全要求。

"没有可靠供电,就谈不上优质服务,对客户的承诺就是一句空话",这是申友强常说的一句话。面对遵义两城区跌落式熔断器故障发生率总是居高不下这一难题,老申决定和工作室的同事们一道,啃掉这块"硬骨头"。为了全面"诊断"跌

落式熔断器故障频繁发生的"病根",申友强亲自带头,对多年来发生的10千伏跌落式熔断器故障进行分析。经过多方取证,发现大部分的故障都发生在跌落式熔断器的引线接头处。安装工艺不规范,是造成接头接触不良引发故障的直接原因。经过进一步分析,他发现症结所在:原有的接头安装工艺,由于引线上的上下接头采用传统的"铝芯绕接法"有效压接面积较窄,容易造成接头接触不良,诱发接头熔断故障。

找准了症结所在,"工作室"经过研究,决定采用"设备线夹紧固法"代替"铝芯绕接法"对城区内跌落式熔断器进行部分改进。通过实际运行效果检验,引线之间接触紧密,导电良好。试验成功后,"工作室"决定把这种技术革新方法逐步在城区进行推广,并制订了安装标准。截止2014年10月,遵义市城区的2159台变压器已全部采用"设备线夹紧固法",跌落式熔断器故障也由往年的近200起降低到目前的32起,实现多供电量72万千瓦时,实现直接经济效益42万元,供电可靠率达99.8508%。

任何一项发明与创新都是靠灵感与实践相结合而成的。把心思全部用在工作中的人,所得的灵感总是比别人要多。一句话、一个动作、一种现象都能让那些为了工作找新方法的人有所触动。有了想法,付诸于行动,不懈地坚持与努力,才会有最后的胜利。看似简单的创新与发明,其实融入了太多的精力与心血,但是他们不怕苦,不后悔,不畏难,他们的工作因创新而不同,他们的生活因创新而精彩。这是一个发展的社会,各行各业都处在激烈的竞争之中,没有创新就没有进步,就没有未来。创新是顺应时代潮流,是为企业争取机会,为个人发展奠定基础。人都有一种天生的惰性,一种天生对新事物的恐惧心理,所以才

第八章 以使命驱动创新，把岗位当作创新的舞台

会有大多数人面对新事物的时候持观望态度。也正是因为这样，才让那些敢于尝试，走到前列的人有了更多的机会。马云、任正非、雷军等那些行业精英们，正是有了敢于尝试，敢于创新的作风，才获得了人生的成功。

有这样一个场景：几个工人绕着辆"宝马"车摸了个遍，也没有找到问题所在，正一筹莫展时，夏伟走了过来，工人们便拦下他递过检验报告书。夏伟蹲下身子，照着报告书上的描述，半个小时就找到了故障。10月17日，记者来到贵阳星悦奔宝汽车服务公司，亲眼见识了技术总监夏伟的"功夫"。

修理厂里，只要是解决不了的技术难题，都得找"夏工"亲自出马。新中国汽车工业从无到有，从弱到强，历经从模仿吸收到摸索创新的过程。夏伟的职业轨迹与之高度契合，从拜师学艺到自主创新，从普通工人到技术专家，他始终保持着一颗"工匠心"。

1996年，夏伟从四川来到贵阳打工，应聘进入通源集团当学徒工，面对一排排从未见过的进口汽车和密密麻麻的外语，他只有一个念头：学通外语、钻研技术。外语对夏伟来说，无异于"天书"，攻克晦涩的外文技术用语，难比登天。

"搞技术就要永远保持学习心态，学无止境，锲而不舍。"夏伟翻开自己的工作笔记，详细记录了各种汽车配件图纸与符号，还用彩笔标注出英文单词。这些笔记都是他20年来通过实践总结出的经验，是攻克众多进口汽车"疑难杂症"的"法宝"，为此，他不知熬了多少个夜。"干这行就是追前沿，谁偷懒谁完蛋。"深谙此理的夏伟不断自主创新，打破了外方的技术封锁，驾驭了高精设备，并通过了宝马动力传动与底盘服务、电

子电器服务技师认证,担任通源集团技术总监,成为业界翘楚。

2013年,通源集团深圳分公司遇到一个技术难题,请来宝马技术部的外国专家修了38天都没修好,夏伟抱着试一试的心态挺身而出,仅用3天时间就将难题解决了,外国专家的态度也从不屑转为佩服。星悦奔宝总经理庄兴品说,夏伟身上有技术工人不服输、敢拼搏的精神,正是这种执着,让我们创新有底气。

2014年,夏伟离开了通源来到新成立不久的星悦奔宝担任技术总监,迎接新的挑战。"技术创新不是一两个工人创新,而是一个团队创新;不是偶尔创新,而是滚雪球式的持续创新,带动更多职工投入创新。"夏伟说,如今他正培育着一批40人的技术团队,平均年龄不足25岁。这批90后小伙子代表了一种潮流,他们正通过岗位创新,与企业共同发展,实现个人价值,唱响新时代的"咱们工人有力量"。

钻技术,学外语,这对于一个学徒工来说相当于"天方夜谭"。但不服输的夏伟偏偏就有一股子冲劲,硬是将自己练就成了企业的"神人"。可见创新路上并不排斥那些起点低的人,创新的关键在于一个人对待新事物的态度,看他是不是爱企如家,是不是对工作充满了热情,有没有创新的信心与恒心。创新是一个人在职场、企业、行业屹立不倒的魂,一份普通的工作会因为有了创新而变得完全不同。比如提升工作效率、提高工作质量、减少行业开支。有时一个小小的创新能让原来濒临倒闭的企业重新站在行业前列。我们的工作也是一样,即使再普通,也会因为创新而不同,因有不断创新而更加精彩。